涵芬楼文化 出品

Fruit
An Illustrated History

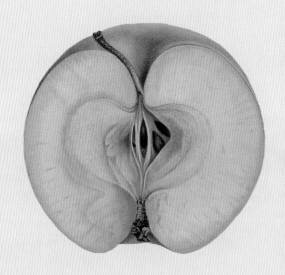

水果
一部图文史

〔英〕彼得·布拉克本－梅兹 著

王 晨 译

2017 年·北京

商务印书馆
The Commercial Press

目　录

POMONA

GALLICA

序

　　早在被栽培的很久之前，水果就开始被人采集食用了，它们的历史和演化是一段非常迷人的故事。现如今，水果是我们日常饮食中至关重要的一部分，为我们的食物增添色彩和风味，然而有时我们需要提醒才能意识到这一点。

　　我刚结识《水果——一部图文史》这本书的作者彼得·布拉克本-梅兹时，他还是瑞特尔学院的一名学生。毕业之后，他投身于众多园艺领域，在成为著名作家和记者之前，曾当过水果种植商、经理、技术员和顾问。他在这些角色中充分展现了自己对水果的热情，更重要的是他还鼓励他人分享自己的兴趣。在我任皇家园艺学会水果和蔬菜委员会主席时彼得曾与我同事，而我也曾在彼得任皇家园艺学会水果小组委员会主席时在他充满启发性的领导下工作。

　　本书读者会很快领略到彼得对水果的热爱。在书中，他精心提炼出了有关水果植物学历史和文化的宝贵信息，并将这些信息以可读性极强的形式呈现在这样一部著作中（果然不出我所料）。他考证了许多水果的起源地——例如，杏（*Prunus armeniaca*）起源于中国而并不是（就像它的名字所暗示的）亚美尼亚。彼得还提到了希腊神话中涉及的水果；描述了运动竞赛中"金苹果"（由女神阿佛洛狄忒赠予）的胜利含义；并概述有多少本土物种参与了今天的商业从业者和业余园艺爱好者所种植的现代水果品种。

左页图：亨利·迪阿梅尔·杜蒙索 1768 年出版的《论果树》一书的卷首插图。

序

所有认识彼得的人都能从书中感受到他的幽默，他欢快的性格无疑让文字显得非常活泼。本书中的插图比例很大，但这绝不是批评——看到自己技艺精湛的图画作品在这本著作里得到如此重用，著名植物学家和园艺画家威廉·胡克和不那么出名的维多利亚时期的果树栽培专家罗伯特·霍格都会感到很高兴。本书的大幅彩图（选自皇家园艺学会林德利图书馆的档案室）视觉效果醒目而热烈，并得到了一流水平的印刷。

我要将《水果》一书同时推荐给普通读者（他们对水果可能并不很熟悉）和热忱的水果爱好者。不管受众是谁，它都一定能促进人们对水果的兴趣。这本书是一部品鉴水果的佳作，值得细细探索、品味和享受。

布赖恩·F. 塞尔夫

引言

我们都能列举出许多不同种类的果实——首先映入脑海的大概是苹果、梨子、李子、香蕉和柑橘这些水果。不过从植物学的角度看，果实的定义是"由植物形成的，在其中形成并怀有种子的，或多或少的肉质的荚或者其他物体"。果肉会让果实看起来很好吃，这有助于种子的传播。许多果树幼苗就源自从车窗扔到路边肥沃土壤中的果核。甜并不是定义果实的必要特征（番茄、黄瓜和西葫芦都是极好的果实），但在通俗语境下，"水果"必须是甜的，而我们在本书中也采取这样的定义。

追本溯源

我们今天栽培的所有水果都是原本生长在野外的属和种的选择、突变、杂交或是它们的后代。全世界各个角落都有史前水果的遗迹，这些遗迹包括野草莓、覆盆子、黑莓、黑刺李、稠李和野苹果的种子。野生水果在温带地区的扩散取决于地球冰盖的运动：随着土壤温度上升，生长条件得到改善。而在较温暖的地区，种子的自然传播和其他繁殖方式进一步促进野生水果在全球传播。

自然生长食物的存在或缺乏是促使人类进入尚未被涉足的蛮荒之地的主要动力。定居者们携带能够产出食物的植物迁徙的历史还相当之短。随后这一现象贯穿了人类历史的漫长岁月，如今世界上只有极少数人类依赖自然食物为生。

在五千多年之前（也许更早），气候很适合农业生产，于是人

们在大片区域进行了栽培。大多数温带水果起源于中亚和曾经的小亚细亚——高加索、土耳其斯坦和黑海地区，那里至今仍有广袤的林地，生长着野生梨、野苹果和樱桃李（中亚的一些野生葡萄和今天的栽培品种是完全一样的种类）。在更遥远的地方，除了樱桃李、稠李和欧楂果之外，阿塞拜疆还有榅桲，亚美尼亚和叙利亚还有杏。

在这片被后世称为新月沃土（自伊朗至里海南部、土耳其，贯穿巴勒斯坦直抵埃及境内）的地区，丰饶的自然食物吸引游牧部落在此定居。这常常会为已经兴盛的文明带来新的血液，让它更臻完善。在这一时期，桃（*Prunus persica*）从中国（并不是波斯）传入，它在中国的栽培历史至今已有四千多年。

早在公元前500年，古希腊和古罗马的作家就写到了水果和酒。这两大文明都已经开始培育水果，并用扦插的方法种植葡萄。在那时人们就已经知道，在水果种植中必须使用这种营养繁殖的方法才能得到和亲本完全相同的后代。大约两千年前，水果成为整个地中海地区非常重要的作物。考古挖掘显示，陶器、玻璃甚至房屋的墙壁上都装饰着水果图案。例如，在庞贝和赫库兰尼姆周围都有许多果园、苗圃和水果市场曾经存在的证据。在公元79年维苏威火山灾难性地爆发之前，园艺和葡萄栽培产业在这座火山的山坡上十分兴盛。

在这段时期，品种名字也开始出现。欧洲许多地方的水果种植都是从罗马占领时期开始的——例如，在罗马人占领英国之前，英国人对园艺或农业几乎一无所知。罗马人离开后（公元410年），英国种植作物又回到几乎野生状态长达七百年，不过随后诺曼人入侵并再次恢复了水果产业，自给自足的修道院也部分地促进了这一过程。

然而，真正的爆炸式发展发生在水果从欧洲转移到

带编条篱笆的花园

左页图：用编条篱笆围起来的中世纪花园，这幅插图摘自弗兰克·克里斯普爵士（1843-1919年）的《中世纪花园》，该书出版于1924年。第一种得到储藏的水果很有可能是李子。它们会被晒干后收藏起来以备日后使用。苹果也得到了储藏。它们不仅也可以晒干，还能放在秸秆上并置于干燥凉爽的环境下保存。

世界其他地方（特别是美国）的时候。一旦北美、澳大利亚、澳大拉西亚被发现和殖民，形势很快就像滚雪球一样在全球迅猛发展。在大多数有关果树种植的早期图书中都能明显地看出这一事实——图书的时代越早，书中的水果品种和栽培方法看起来就越熟悉。北美和澳大拉西亚一被放到地图上，就很快成为关于水果的新知的源泉。

最初的定居者进行的是很初级的农业（包括园艺）生产，以便熬过殖民刚开始时最重要的年份。一旦克服了困难，得以在崭新且完全孤立的土地上站稳脚跟（常常还要和不友好的当地土著竞争），就能够有更多时间花在"研究和开发"上。这包括寻找熟悉的植物的当地物种，然后要么栽培驯化它们，要么使用它们进行育种，为现有品种增添优良性状。长江后浪推前浪的情况很常见，现代北美苹果产业就是一个显著的例子。在过去一百年左右美国培育出的所有苹果品种中，大多数都行销全球，美国也种植着众多品种——例如"金冠"、"旭"、"红玉"、"乔纳金"、"红帅"以及许多其他品种。

繁殖方法

种子繁殖是得到大量植株最常用也是最便宜的方法。但是，只有在通过种子得到的植株与亲本实质相同的情况下这种方法才是有效的。虽然这一点对花卉和蔬菜来说很容易实现，但对乔木和灌木水果则是不可能的，它们用种子繁殖出的后代很少会展示出与亲本的任何相似之处。对于一个现代杂交品种，它的任何一个原始祖先都有可能在幼苗中显露出端倪，而且一般来说最古老的基因最容易占据上风。

在营养繁殖中，待繁殖植株的一部分被分离下来，并被促使生根，发育成新的植株。

例如，大多数灌木水果都是用茎插条扦插繁殖的，但不幸的是乔木果树的插条不容易生根。罗马人找到了解决方法。无论是当时还是现在，乔木果树使用芽接或枝接的方法都最简单也最成功。先将砧木（已成型的根系）和"接穗"（待繁殖果树的一部分）连接在一起。它们会在很短的一段时间内愈合，接穗上的芽开始生长，最终形成新果树。而且，由于它从原来果树的一部分生长发育而来，所以和待繁殖果树完全相同。

后来，有一个奇怪的观点开始流行，有人认为任何一个水果品种都有既定的寿命。根据这一理论，当种子萌发长成一个新品种，它内在的生命之钟就会开始倒计时，并且在它的所有后代中延续着。这种嘀嘀嗒嗒的倒计时会在世代之间传递——

比如直到该品种"诞生"一百年之后，这时它所有的现存后代都会死亡，这个品种也就消失了。这种理论完全是子虚乌有，虽然它并不像乍一听那么愚蠢，因为像竹子这种植物就会发生类似的情况，它们有一个控制开花的"闹钟"。任何一株竹子的后代都会在大约同一时间开花，然后它们就会死去，无论这些后代有多年幼或是年老。

凡尔赛宫的柑橘园
描绘凡尔赛宫柑橘园的插图，摘自让·德拉昆汀耶 1693 年的《论柑橘果树》。

培育新品种

营养繁殖方法的使用意味着新品种可以得到稳定的

树木嫁接的蚀刻版画

这幅版画描绘了树木嫁接的技术，摘自学者莱昂纳德·马斯科尔的第一部出
版作品：1572 年的《所有树木的种植和嫁接方法》。

扩增。这是巨大的飞跃，因为人们终于可以种植并繁殖比现有种类更好（在品质、大小、外观、健康和表现上）的果树品种——这就是现代植物育种的主要目标。

在并不遥远的过去，水果的味道并不是人们优先考虑的，当时的消费者最注重外观和大小。但是，如果人们选择较大（但并不那么好吃）的苹果而不是较小（很可能味道更佳）的苹果，对后者需求的缺乏会导致它们最终消失。我们不能谴责零售商，因为他们只能储藏他们卖得出去的东西。不过幸运的是，人们又重新重视起味道来了。今天园艺生产的重要目标之一是培育对主要病虫害有抗性的品种。对于种植者来说，这些品种可以降低生产成本，而消费者对于农药残余也越来越采取"零容忍"的态度。

不过，这些新的特性必须在不丢失任何原有适宜性状的情况下增添到品种中。在这一方面，和通过有性杂交获得新品种的传统方法相比，转基因拥有绝对的优势。使用转基因的方法，植物育种者可以将需要的性状转移到新品种中，同时可以保证原品种的其他（适宜的）性状不会发生改变。其他方法多年以来也得到了尝试，取得了不同程度的成功，但这些方法的缺点几乎全都超过了优点。

口味的重要性

"没有什么水果比苹果更合我们英国人的口味了。法国人爱吃他们的梨，意大利人吃无花果，牙买加人偏爱富含淀粉的香蕉，马来人钟情榴梿，管他们呢，我们只要苹果。"这段话出自英国著名果树种植商和水果专家爱德华·班亚德的佳作《甜点解析》（1929年）一书中。

接下来让我们在品种层面上探究这种对苹果的偏好。一个明显的例子是"金冠"（有趣的是，这个品种正是班亚德本人引入英国的！）。对有些人来说，这种甜点苹果味道不够浓郁，但这是种美国苹果，而大多数美国人都喜欢这种类型的苹果。英国的考克斯苹果芳香的甜味不合他们的口味。口味是极为个人化的——某个人觉得美味的，另一个人可能很不喜欢——而且谁也不可能在描述水果的口味时不掺杂任何个人感受。

不过，我们能做的是确保在水果的最佳状态下食用它们。柔软的法国奶酪十分美味，但如果在还硬的时候吃，感觉会有点像在嚼肥皂。水果也是一样，大部分未成熟的水果都有股萝卜的味道。英国市面上的苹果，特别是超市里出售的，常常位于最佳食用期稍微之前的阶段。"金冠"刚上货架的时候吃起来味道很差。"旭"、"乔纳金"以及它们的衍生品种一般也都如此。如果在食用之前留给它们一段成熟的时间，情况就完全不同了。为了在从采摘到出售的整个期间保持良好状态，大多数水果都是在成熟之前采摘的。可惜的是，消费者并未被告知自己购买的水果还没有到最佳食用期。自家花园中种植的水果也有同样的问题：园丁们应该弄清楚自己种的是什么，以及应该在什么时候采摘食用。

过早地吃一只梨子比吃一个未成熟的苹果罪过还大。咬下去时发出的嘎吱声是个警报，这样的梨子比梨形的土豆好不了多少。用手指按压梨子表面，如果它稍稍凹陷，这时的梨子才是成熟可以食用的，你应该每天都这样检测，直到它在你的手指下"屈服"。这样的梨子汁水四溢，几乎能装满整个浴缸。顺便提一句，采摘过早的梨永远也不会成熟——它只会变得跟橡胶一样糠掉。

水果的世界

我们已经回顾了不同的水果是怎么出现的，它们来自哪里，它们如何变得更有吸引力，以及它们如何在千百年里传播到全世界。除了展望它们的未来——这总是个碰运气的差事，我们能做的只有浏览一下与水果商业生产有关的有趣统计数据了。

中国是全世界产量最大的苹果生产国，产量达到庞大的两千万吨——这还只是一个主要品种"富士"的产量。（相比之下，整个欧洲的年产量只有一千六百万吨。）位居亚军的是美国，年产六百万吨，占全球产量的十分之一。

法国是欧洲生产苹果、油桃、桃和杏的第一大国，葡萄年产量为七百万吨。意大利是欧洲的黑马，第二大苹果生产国，葡萄产量比法国还高（将近一千万吨）。德国种植了许多在其他国家不那么常见的水果。德国在全球苹果生产份额中位列第三，但它是樱桃和醋栗的最大生产国，也是欧洲各国中草莓产量最高的。西班牙是欧洲第三大葡萄生产国（位列法国和意大利之后），考虑到该国兴旺的葡萄酒和雪利酒产业，这也不足为奇。西班牙还和意大利包揽了欧洲的柑橘生产（这两个国家都有适宜柑橘生长的地中海气候）。西班牙还是欧洲唯一一个成规模生产香蕉的国家——年产量五十万吨。

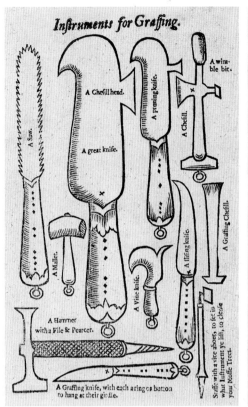

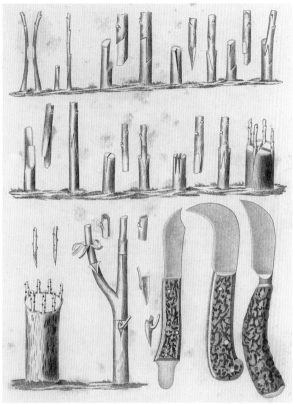

嫁接和切削工具

展示嫁接和切削工具发展历程的两幅插图。左边第一幅图来自莱昂纳德·马斯科尔 1652 年出版的《农夫种植和嫁接新技术》；右边的插图来自皮埃尔－安托万·普瓦托 1838 年出版的《法国果树》。

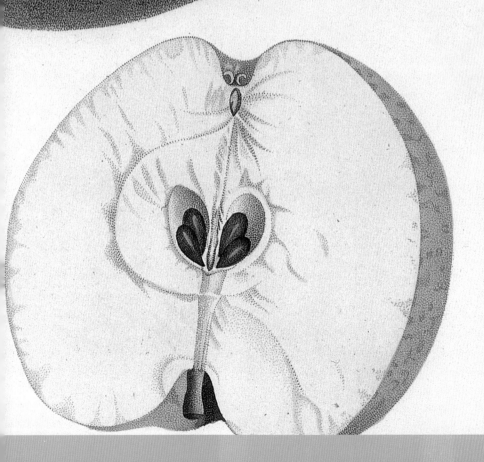

The Alexander Apple.

第一章 梨果

　　号称新月沃土的中东地区被公认为是人类文明的诞生之地，它也是今天许多常见温带水果的摇篮。苹果是其中分布最广泛最受欢迎的种类，无怪乎它总是在民间传说中占据着重要角色。

　　希腊神话中有很多和苹果有关的故事，其中最著名的无疑是阿塔兰忒的竞跑比赛。阿塔兰忒是个著名的美人，有很多正直勇敢的男子追求她。她还非常善于跑步，并用这项能力从一众求婚者中筛选出真正的男人。这是一个好办法，但并没有听起来那样富有体育精神，因为如果小伙子们输掉了比赛（他们总是输），他们就得付出生命的代价。这种嗜血的仪式就这样持续着，直到某天一个名叫希波墨涅斯的年轻花花公子出现。他决心要活下去并赢得与阿塔兰忒的竞赛，但他知道要是不耍些花招，自己根本毫无机会。于是他向维纳斯（爱之女神）寻求建议，女神给他三个金苹

"亚历山大"苹果

（*Malus domestica*）

左页图：又名"亚历山大大大帝"，"亚历山大"是个非常古老的品种（1700年代），可能来自乌克兰，并在1817年来到英国。这种苹果的外观比它的味道好得多，所以是一个花园观赏品种。果实成熟期为9月至11月。

果，他把金苹果装进口袋参加了比赛。每当阿塔兰忒超过自己，希波墨涅斯就把一个金苹果扔到她前面一点的地方，阿塔兰忒不得不停下把金苹果捡起来。这样的情景上演了三次，希波墨涅斯也超过了阿塔兰忒三次，并最终赢得了比赛和美人。

金苹果的主题在神话中不断出现，甚至赫尔克里斯在赫斯珀里得斯姐妹的花园中完成一件自己最著名的壮举也是为了它们。这座花园是天神宙斯送给天后赫拉的结婚礼物。三个仙女即赫斯珀里得斯姐妹负责照料它，花园中央长着一棵结金苹果的树。赫尔克里斯的任务是摘一些金苹果，但除了要和仙女们周旋之外，他还要对付金苹果树下卧着的一条龙。赫尔克里斯在善于变化的小海神涅柔斯的帮助下及时找到了这座花园，还有花园里的仙女和龙。不过仙女们并没有像往常那样把他变成石头，她们同意让他带走几个金苹果。然而这些金苹果一旦离开花园，就立即变得暗淡无光。赫尔克里斯马上把它们带回花园，它们瞬间就恢复了光彩。

神话传说中最著名的苹果当然出现在《圣经》中，它们（在《创世记》中）被认为生长在智慧树上。关于所有这些神话中的水果，有趣的一点是"苹果"一词只是翻译者的选择，用来代表某种他们以及他们的读者都根本不熟悉的果实。当时的确有苹果生长在地中海地区的国家，但石榴要更常见得多，而且它的橘黄色彩也许容易被误认为金色。也许"金苹果"只是柑橘或柠檬——这个有趣的想法会让许多传说变得可疑起来。

关于苹果和梨，我们所确知的是无论是商业生产还是庭院种植，这两种梨果型水果一直都是温带地区产量最大的乔木水果。这一类群的所有属和种都属于蔷薇科（Rosaceae），它们的共同特点是果实中央有一个果核，其中生长着许多种子。苹果的分布最广泛，温带地区的所有国家和许多地中海国家都有种植，有时还出现在热带较高海拔的地区。苹果作为食物的重要性再夸大亦不为过。全世界的人们都吃苹果，

兰利的《果树》（1729 年）一书中的苹果品种

右页图：这是 18 世纪上半叶英国种植的一系列苹果品种。按照现代标准，它们在今天基本都不值得种植——大小、品质、产量和抗病性都很差，但其中有很多是现代品种的祖先。

Plate LXXVIII. Calvile
Acoute

Fig. I.

Fig. II.
Super-
Cælestial

Fig. III.
Monsterous
Rennet

Winter
Pearmain
Fig. IIII.

Fig. V.

Spencer
Pippin

Sr. Iohn Aloes
Rennet
Fig. VII.

June Apple. Fig. VI.

B. Langley Delin.

I. Carwitham Sc.

它们的营养极为丰富，对牙龈也很有好处。苹果非常适合如今快节奏的生活方式，它们容易种植并且可以全年供应，也到处都能买到。

至于野生种类，自然生长的苹果属物种野苹果（*Malus silvestris*）和苹果（*M. pumila*）如今散布于整个温带地区，它们最初起源于高加索地区和土耳其斯坦。高加索地区的野生苹果个头小且不堪食用——我们认为野苹果就该是这样。然而，许多生长在土耳其斯坦的野生苹果比高加索地区的要大得多，可与如今的品种（在栽培中有意培育的种类）媲美。这里出现了各种大小和品质的果实。自然杂交和突变在没有人类干预的情况下发生——这是物竞天择、适者生存的绝佳实例。这种情况也发生在俄罗斯，耐寒的山荆子（*Malus baccata*）与其他物种和杂交种杂交，得到了能够忍耐严冬的极为健壮的子代。山荆子对常见的苹果真菌疮痂病也有一定抗性，所以它的基因经常有意出现在现代品种中。通过转基因的方法也可以实现这一点，而且花费少得多的时间和精力就能得到抗病品种。和我们在报纸及电视上看到的负面信息相反，这无疑凸显了转基因的优势所在。

在非常古老的历史时期，人类部落以游牧为生，不过一旦他们决定在某地定居下来，苹果树以及任何其他结出优质果实的植物，都会在人们清理耕种作物的土地时被保留下来。不过，让树木值得保留下来的不只是优质的果实。它们也许拥有其他作为食用作物的有利性状，如对病虫害的抗性、更紧凑的株型或更强的耐旱性。如果这些树无法保留下来，它们会被嫁接到实生苗砧木上，它们生长的地方就是现代苗圃的雏形。这是人工而不是自然选择，商业水果种植和苗圃工作即发端于此。保留最优性状的做法使优质果树的庞大基因池开始出现。这种选择（包括对砧木的选择）仍在全球范围内进行着，并且无疑会继续下去。苹果被认为是这些早期试验的成果之一，得到了"道生"和"乐园"等苹果砧木，它们是我们如今使用的砧木的前身。因此我们可以说，不同种类水果的扩散以及新品种和知识引进的机制主要有三种形式：从相邻国家中来，从野生植物中选择以及通过自然杂交得到。

经过千百年的发展，果树栽培越来越组织化，在修道院这样的文化中心发展着。不同变种和品种逐渐得到命名，之前它们只是被统称为"苹果"而已。

在英国，品种命名开始的时间早达公元1204年，当时的人们第一次提到"皮尔曼"。"科斯大"和"皮平"在随后不久出现。虽然这些名字现在被认为是品种系列，但当它们刚刚种植的时候都指的是实际单个品种。有意为之的杂交几乎没有，这些早期品种一般是自然杂交的结果，被眼尖的种植者发现它们的进步之处而得到选择。现存苹果种类和品种的年龄相差巨大。肯特郡布罗格代尔国家果树收集中心保存的"德西奥"可追溯至罗马人入侵英国时期。按照现代标准来看，它的品质并不怎么样，但重要的是我们能通过它了解很久之前人们都种植些什么。

就像我们已经回顾的那样，野生果树的优良性状通过芽接和枝接的方法被保存下来。为得到和原有果树完全相同的新果树，必须使用营养繁殖的方法，即芽接、枝接或扦插繁殖。大多数果树用种子繁殖的杂交后代都无法精确遗传性状，即使是同一品种内的杂交后代也不行。新果树必须由现有果树截取下来的一段枝条成长而来，这一现象早在公元前332年就被希腊哲学家泰奥弗拉斯托斯提到过。这种方法至今仍然是包括水果在内的大多数木本植物种类和品种

进行繁殖的方法。有人会觉得扦插是最简便也是生产效率最高的方法，而许多灌木果树的确是用这种方法繁殖的。不过大多数梨果的插条不容易生根，因此必须对它们进行芽接或枝接。在嫁接时，将一小段幼嫩枝条（接穗）插入拥有完好根系植株（砧木）的树皮下。用棕丝或塑料带绑住嫁接区域，然后用蜡密封。这种防护措施要一直保留，直到接穗上的芽开始生长，新生的枝叶就长成了新果树。芽接是一种更快也更经济的繁殖方法，因为它使用的是单个生长芽而不是一段枝条。虽然果树已经用这种方法繁殖生长了两千多年，但直到20世纪人们才开始大规模地正式精简数量庞大的砧木种类，主要是苹果的砧木。这样做需要对全世界的砧木进行筛选试验。于是，在成立（1913年）数年后，位于肯特郡时称东茂林研究站的研究机构为各种不同的果树制定了砧木推荐名单。自此之后，经过分类的砧木、水果种类和品种都使用营养方式繁殖。

在美国，栽培果树的发展和管理模式大致上与英国相似。美国当然有与地区条件相关的研究项目，但在建国后的初期，对于水果种植来说，食物来源的建立和巩固大概要比科学研究的一面更

Nº 1 · Early Wax.
   2 · Browns Summer Beauty.
   3 · Thorll Pippin.

Nº 4 · So
   5 · Ev
   6 · Hic

休·罗纳尔兹的《布伦特福德的梨和苹果》（1831 年）一书收录的苹果品种

1."早蜡"；2."布朗夏美人"；3."索尔皮平"；4."酒红"；5."夏娃苹果"；6."希克斯"。

到 19 世纪时，苹果的外观已经有了很大改善。例如，虽然"早蜡"依然有早期苹果高耸塔楼状的外观，但总体趋势还是在向更圆润且品质更高的品种发展。育种程序和选择造就了这些进步。

加重要。在人们的传说中，有一个对传统和科学都不屑一顾的约翰·查普曼，他的绰号"约翰尼·苹果籽儿"更出名。查普曼在 1774 年出生于马萨诸塞州的莱明斯特，据说他肩挎小背包在全国游荡，什么时候来了兴致就把苹果种子播撒在所到之处。尽管这个故事很有趣，但却不能为他增添一分光荣，因为他肯定知道苹果种子长出的果树不能保持亲本的特性。他真正做过的事情是建立了一系列苹果苗圃，分布范围东至宾夕法尼亚州、遍布俄亥俄州，并西达印第安纳州。他从大约 1800 年开始这些工作直到 1845 年去世，获得了巨大成功。他去世时新英格兰的水果出口业已经十分兴旺，苹果远销至西印度群岛。查普曼绝对是个有趣的人物，但与大众观念不同的是，他并不是美国水果商业种植之父。他为美国东部的果树栽培做出了巨大贡献，但苹果产业的中心位于美洲大陆的另一边，在华盛顿州的西北部。美国第一个商业苹果品种也不是辛普森创造的。它几乎无疑是从英国引进的品种。第一个美国本土培育的商业品种可能出现在 1824 年的华盛顿州温哥华堡。相当有趣的是，这个品种来自于一位叫辛普森的船长培育的一系列幼苗，而长出幼苗的种子来自他在英国参加自己的欢送晚宴时吃掉的一个苹果的果核。可惜的是没人愿意费事查出（或想起）这个苹果品种的名字。

事实上，美国苹果产业的发端要归功于来自爱荷华州的亨德森·路灵和威廉·米克。和其他寻求财富的人一道，路灵赶着自己的大篷车踏上前往西部的旅程。相当奇怪的是，这辆车上装满了泥土和苹果树，肯定引起了许多同行旅人的惊奇和侧目。这还不是唯一的影响，因为车上的装载是太沉重了，他很快就远远落在其他旅人的后面。幸运的是，路灵遭遇的美洲土著断定他只是个身无分文且无害的怪人而已。抵达华盛顿州（这本身并不是壮举）之后，路灵遇到了威廉·米克，他们开始一起种植果园。他们的合作可谓占尽天时地利，因为美国西部逐渐纳入白人的控制，大量涌入的淘金者急切需要食物。到本地需求开始萎缩时，连接大西洋和太平洋的铁路又开通

"皮平之王"苹果

（*Malus domestica*）

右页图：这个精致的古老甜点品种在 10 月至 12 月成熟，并且可在树上保存到第二年 3 月（不过这时已经不堪食用）。它的名字和历史都很让人困惑。虽然被认为起源于英国，它却有个法文名字"Reine des Reinettes"。除了被称为"皮尔曼金冬"和"皮平之王"之外，它还有其他别名——如"汉普郡黄"和"琼斯南安普顿皮平"。

The King of the Pippins

了，生产出的水果可以运输到所需要的任何地方。华盛顿州很快成了全世界最大的苹果产区。

与此同时，其他事情也在美国发生着。在爱荷华州密歇根湖附近的田野中如今还安放着一块纪念某苹果品种的铭牌。在19世纪中期，一位名叫杰西·希亚特的农民留意到一枝萌蘖条从某棵苹果树的基部长出。这种情况在今天也很常见，不过这枝萌蘖条并没有像平常那样被拔掉，而是被允许长成了果树。这棵树结出的苹果颜色亮红，滋味和香气绝佳。希亚特将它命名为"鹰眼"，并给自己的一个法官朋友寄了一些。这位法官称赞："美味啊，美味。"1895年，著名美国苗圃企业斯塔克兄弟发布了该品种并重新命名为"美味"，开启了一篇延续至今的佳话。它很快成为了苹果种植界最流行的商业品种，到1920年代中期，据估计该品种已经有七百万至八百万株果树。"美味"突变出了一些芽变（自然发生的变异），最著名的大概是"红帅"。有趣的是，"金冠"和"美味"并没有关系。它是1890年在西弗吉尼亚州发现的一个随机杂交幼苗，1914年投入市场，同样由斯塔克兄弟发布。

苹果——以及其他植物，无论是果树还是观赏植物——有趣的一点在于它们会不时出现微妙的变化。这些变化常常并不足以被称为"芽变"或"突变"，但足够明显到能够吸引园丁的目光。可能某棵树上的苹果比其他果树早成熟一些天，或者是这棵果树表现出更好的抗病性。任何被园丁视为进步的微小变化都可能导致下次繁殖一批新果树时偏爱使用某棵特定的母株，它甚至还可能更容易繁殖。这是一个延续至今的过程，这意味着对于摆在我们面前的一盘苹果，这些果实和它们一百年前的样子并不一定是相同的。正是由于这个原因，我们才建立国家收集中心，如设在布罗格代尔的果树中心。在这些机构中，现存树木的繁殖更替只使用自身作为母株，以防止别的"种质"混入收集的材料。

苹果并不是起源于中亚地区的唯一水果。在今天的温带地区被视为日常食物的许多其他物种也是在这里开始它们的生命的。这并不像看起来那么奇怪，因为回顾植物生命发展的早期，我们会发现大多数植物都来自一个共同的祖先。它们的外表如今只能通过化石来猜测和了解。从植物学的角度来看，我们今天熟悉的许多果树植物在当时看起来都非常相似。这种相似性使它们被划分到植物界的同一个科：蔷薇科中。数

"猫头"苹果

（ *Malus domestica* ）

出现于 1600 年代的英国，至今仍在私人收藏和花园中种植，这是一种早期烹饪用苹果——个头大，具深棱纹，形状常偏向一边且不规则。不过它仍然是一种优质的 10 月至 1 月的菜用水果，产量随着果树年龄的增加而提高。

百万年时间的进化让它们如今变得不再那么相似，但它们的起源还是一样。

　　梨是和苹果亲缘关系最近的（特别是外观上），也同样起源于新月沃土。核心物种几乎可以肯定是西洋梨（*Pyrus communis*），但也有许多其他物种和它进行了杂交。梨和苹果一样，自然杂交发生了太多次，最开始的情况已经模糊不清了。不能忘记的是，除了进入欧洲之外，不同果树物种还向西扩散至中国和日本。如今种植在远东的梨更可能源自"中国沙梨"鸡公梨（*P. serotina*）。西洋梨应该没有被从野外直接采集和食用过，因为它的果实太小太硬，肉质太过粗粝，即使是早期人类也不会吃它。因此只能断定，自然杂交和适者生存的过程导致了可食用果实的出现。和苹果一样，对梨的有意栽培最有可能起源于俄罗斯南部，栽培种类就是从那里传入新月沃土，然后又进入希腊、意大利和西欧。我们现在知道意大利早在两千年前就开始种植梨，因为庞贝古城遗址壁画上描绘的梨和我们今天的梨一样饱满诱人。在英国是何时开始对梨的栽培还不明确，不过很有可能是罗马人将梨引入了英国，因为梨在他们的家乡是如此常见。我们确知的是，当公元 1066 年诺曼公爵征服英国时就已经有梨树种植了，因为《末日审判书》（1086 年）中提到今天的格洛斯特郡地区在当时使用很老的梨树作为地界的标识。早在公元 9 世纪法国就已经栽培了几个不同的梨树品种。考虑到修道院之间频繁的材料和信息交换，它们肯定也进入了英国。

　　在 11 世纪左右，人们发现不是所有的梨砧木都能得到良好的果实品质。例如，当使用野生梨实生苗作为砧木时，与使用栽培梨培育的砧木上的果树相比，前者的果实品质不如后者。即使是使用榅桲砧木的今天，人们也发现，即使是同一现代品种，和使用榅桲砧木的梨相比，使用梨的实生苗作为砧木的梨也在某些方面有所不同。当同一品种嫁接到另一品种的梨树上时，也会出现不同之处。梨和榅桲砧木之间的联

"里布斯敦皮平"苹果

（*Malus domestica*）

右页图："里布斯敦皮平"是最著名的早期食用苹果之一。它很有可能来自于某个在鲁昂（法国北部）长出的苹果的果核内，出现于 17 世纪末。它和其他苹果品种一起种植在约克郡纳尔斯伯勒附近的小瑞布斯顿霍尔。"考克斯橙皮平"是它的众多后代之一。

The Ribston Pippin.

W.J. Hooker. 1816.

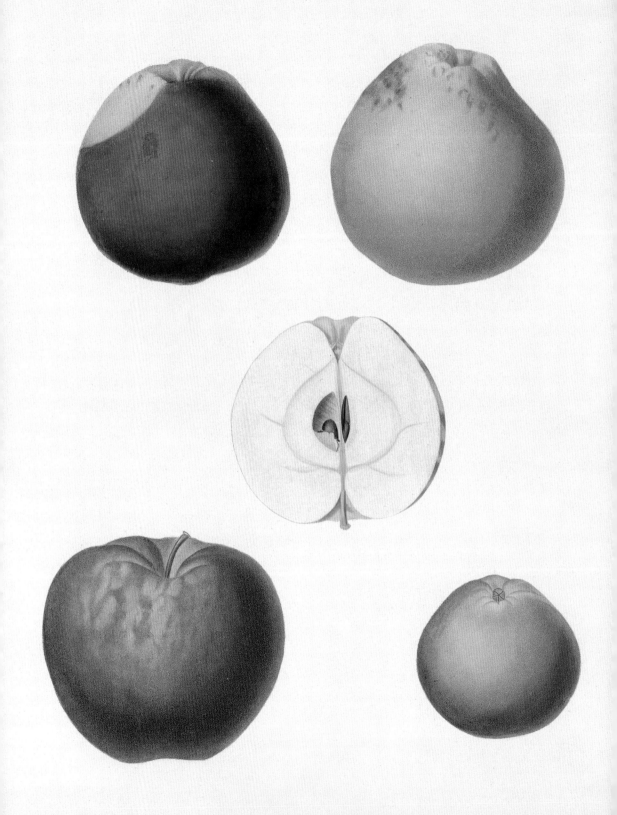

络很复杂，因为梨的某些品种和榲桲无法配合，比如最著名的"威廉"。这意味着在芽接或嫁接时，必须在"威廉"的芽和榲桲砧木之间使用其他品种的梨充当中间砧木。

同样是从大约 11 世纪开始，法国成为了欧洲的梨树栽培中心。14 世纪之前，英国的所有品种都源自法国，直到该世纪末才出现了第一个英国品种，名叫"沃登"。这种梨是供烤熟后食用的，当时的大多数种类和品种都是如此，直到 16 世纪中期才有人提到富含汁水的梨（甜点用梨）。品种在国家之间传播的方式也开始发生改变。和运输整株果树的传统方法相比，苗圃商、种植商和园丁更有可能寄运幼嫩的冬季枝条，用于在春天嫁接。如果距离较短，他们大概会寄运夏季枝条用于芽接。这种进步对于英国的贵族十分有用，因为任何一座有名的花园都必须有法国梨长在里面；因此我们会发现拥有显然是英文名字（如"早熟凯瑟琳"、"诺威奇"、"伍斯特"和"朗格林"）的梨品种与"洛伊伯雷"、"好基督徒"和"蒙彼利埃"这样的法国品种并肩生长着。

虽然 16 世纪和 17 世纪的欧洲梨栽培中心是法国，但许多育种工作都是在比利时进行的。"格卢·莫罗"在 1750 年于蒙斯问世，如今仍是一个很好的甜点梨品种。虽然名字是法语，但"威廉姆斯好基督徒"其实是在英国培育的。我们现在不知道这个名字是怎么出来的，但它很可能说明一个现象：感觉有时候比事实还要重要——起个外国名字，它很快就得到了热销。无论怎样，"威廉姆斯"首先出现于 1770 年代，并在 20 年后来到北美。过了一些年，它被伊诺克·巴特利特发现，他不知道它已经有名字，于是用自己的姓为它命了名。"巴特利特梨"很快就像苹果中的"美味"一样在梨的世界风靡起来，如今仍是梨罐头制造业的主要原料。"寇密斯"大概是目前最好

"菲纳莱"苹果

（*Malus domestica*）

左页图：我们面前的这个品种好像存在许多不同的形状和变异。根据现代知识，我们可以断定它（或者说它们）最初是由苹果的果核长成的，这个所谓"新品种"的每一株果树都有属于自己的性状。现在我们同样能够达到这样的效果，只要将某个苹果的果核种下，得到的每株苹果树都会是独一无二的。

W. Hooker del.
1817.

The Red Quarenden Apple.

的甜点梨，它第一次结果是在 1849 年的法国昂热。没过多少年，它就传播到了整个欧洲和美国种植。和苹果一样，梨如今也在全球广泛种植，只要当地气候和土壤条件适宜。一般来说，在更靠北的地区，甜点梨品种不如苹果长得好，因为它们需要更长更炎热的夏天才能完全成熟。如果有向阳墙壁提供保护，它们还是可以良好生长的。对于许多人来说，法国仍然培育和种植着全世界最好的梨。

虽然从外观上看，梨是和苹果关系最接近的水果，但梨最近的血亲却是榅桲。它们的结构非常相似，而且今天的所有梨树都生长在榅桲砧木上，而苹果树只能生长在苹果砧木上。作为水果的榅桲其学名为 *Cydonia oblonga*。它和苹果以及梨的起源大致相似，中亚地区如今还有野生榅桲。不过，在它的现代品种中没有一个甜点用榅桲。必须将它们彻底烹熟，因为果实太硬无法生吃。[奇怪的是，果实较小的观赏榅桲属于另一个属：木瓜属（*Chanomeles*）] 由于起源地相当寒冷，栽培榅桲的耐寒性很强，但它需要比北方温带国家一般情况下更长更炎热的夏天。虽然中东地区的冬天很寒冷，但夏天一般漫长炎热，所以地中海气候是最适宜榅桲的。它在希腊、意大利、西班牙和中东的流行和商业栽培证实了这一点，那里的人们很重视榅桲。在气候较冷凉的地区，"弗拉佳"这个品种通常是最成功的。从中世到 16 和 17 世纪，榅桲在英国得到了相当广泛的种植，用作制造榅桲果酱、果冻以及一种与西班牙如今的"门布里略"相似的烹调甜点。榅桲的一个优点（或许是缺点）是成熟果实散发出的强烈甜香气味。在过去，它是一种有效的空气清新剂，美索不达米亚人也会使用榅桲为他们沙漠帐篷中的空气增加一抹甜味。这使榅桲成为一种令人愉悦的水果，但它还是无法和苹果以及梨相提并论。榅桲就像水果中的灰姑娘一样不起眼。

和本章的所有水果一样，欧楂果也同样是蔷薇科的一员并产自中东。它从这里

"红夸莱顿"苹果

（*Malus domestica*）

左页图：它本来会是"德文郡夸莱顿"的最初名称。虽然和德文郡有很强的联系，但"红夸莱顿"最有可能起源于诺曼底，"夸莱顿"这个词很有可能是位于诺曼底的"卡伦坦"一词的变音。关于它的最早记录出现在 1690 年，它在 18 世纪成为了一个颇受全英国青睐的早熟（8 月 / 9 月）苹果品种。

"惠灵顿" 苹果

(*Malus domestica*)

刚问世时被命名为 "杜麦罗幼苗", 这是一个品质很高的菜用品种。"惠灵顿" 是一种很棒的苹果, 但它繁茂的粉色花朵也有同样重要的价值。它是一位莱斯特郡农民在18世纪末期培育的——我们如此论断, 是因为最初的那棵树在1800年还健康地伫立着。它在1819年或1820年被重新命名为 "惠灵顿", 应该是为了纪念那位著名的英国公爵。

休·罗纳德的《布伦特福德的梨和苹果》(1831年)一书收录的苹果品种

右页图: 1. "六月纹"; 2. "夏奥斯林"; 3. "凯瑞皮平"; 4. "夏皮平"; 5. "鞑靼小苹果"; 6. "奥登堡公爵夫人"。

这些品种中有一个特别有趣, 即 "夏奥斯林"——更准确的名称应该是 "奥斯林" 或 "粗瘤"。它是少数能用插条扦插繁殖的苹果品种之一, 插条在初冬采取。虽然它品质不错, 但还有很多更优良的品种, 所以易生根的独特能力应该是它得到种植的主要原因。

1. Striped Juneating
2. Summer Oslin
3. Kerry Pippin
4. Summer Pippin
5. Tartarian Crab
6. Duchefs of Oldenburgh

Pomme de Montalivet.

扩散到波斯和欧洲，然后随着殖民者横跨大西洋来到北美——如今它在美国驯化得很好，甚至在南方成了漂亮的绿篱植物。在欧洲大陆、北美甚至英国南部都有野生欧楂，它们应该是从花园中逸生到野外去的。即便如此，欧楂仍被视为一种正统的花园植物，不过对于其果实的食用价值，人们的看法存在分歧。欧楂和山楂的亲缘关系很近，通过观察它们的果实就能清楚地看出这点，它们的形状非常相似。"荷兰人"和"诺丁汉"是种植最多的两个品种，它们都可以追溯至古罗马时期。除了形状奇怪的棕色果实（在几乎完全腐烂之前无法食用）之外，欧楂还因其美丽的白色大花得到种植。

在中世纪英国，欧楂经常用来治疗肠胃不适。这和我们今天的意见颇有些矛盾，因为欧楂以偶尔引起强烈腹泻而著称。

"蒙塔利韦"苹果

（ *Malus domestica* ）

左页图：在有关植物的较老书籍中，作者或画家经常会将他们最喜爱的品种纳入书内，无论这些品种是否为外界所知或拥有。"蒙塔利韦"就是这样的一个品种。它是个外观漂亮的苹果品种，但除了普瓦图的《法国梨果栽培》之外，没有其他任何一本书提到过它。这本书中提到它源自美国，在法兰西帝国时期被阿尔克河畔维尔的勒留赫伯爵引入法国，他是皇家园林的管理人。这个品种的唯一优点貌似在于大小。

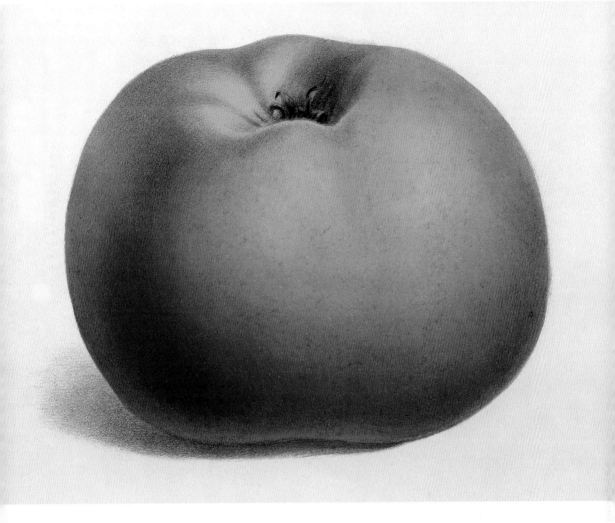

"肯特郡之花"苹果

（*Malus domestica*）

这也许是世界上曾经存在过的最著名的苹果。掉在艾萨克·牛顿爵士头上并促使万有引力定律被发现的正是这种苹果。虽然"肯特郡之花"是它最初也是较常用的名字，但历史让它不止一次被人称作"艾萨克·牛顿爵士的苹果"。

"玫红"苹果

（*Malus domestica*）

左页图：这种苹果好像已经从地球上消失了，只留下了自己的名字和肖像。拥有众多海外品种的英国国家苹果注册中心也没能找出它的踪影。虽然普瓦图说它生长在卡尔瓦多斯，法国果树专著（无论新旧）里面都没有提到它。它在 8 月末至 9 月中旬的味道最好，不过可以保留到 10 月份。

"卡莱尔考德灵"苹果
（ *Malus domestica* ）

　"卡莱尔考德灵"几乎是菜用考德灵苹果的遗迹，它的绿色果实很小，形状不规则并且有棱角。或许它并不漂亮，但它仍是一种高品质的苹果，8月至12月可用。它可以在成熟之前很早就使用，所以才有这么长的用果期。

"鲁宾孙皮平"苹果
（ *Malus domestica* ）

右页图：这是一种个头较小的甜点用苹果，吃起来味道有点像"金皮平"和"无双"。它之所以这么小，是因为果树喜欢在分枝末端簇生八至十个果实。据说它的培育者是位于伦敦特尔汉格林驮马酒店的老板鲁宾孙，该品种至少可追溯至1816年（这是它被威廉·胡克画下来的年份）。虽然它果实很小，看起来像一种野苹果，但在它的全盛期"鲁宾孙皮平"被人们认为拥有很高的品质。

Calville blanche.

Poiteau pinx.   *De l'Imprimerie de Langlois*   *Bouquet Sc.*

"星星小红皮"苹果

（*Malus domestica*）

"星星小红皮"证明了苹果可以有各种形状和大小，不过它在奇特方面的价值比其他所有方面加在一起还要大。每一种特性都有其吸引力，而这种扁平星形的法国苹果无疑是相当奇异的。

"白卡尔维尔"苹果

（*Malus domestica*）

左页图：又称"冬白卡尔维尔"，它是从古至今最著名也是最古老的品种之一，早在1598年就得到了记录。它真正的起源还是未知的，但被认为不是来自法国就是来自德国。今天凡尔赛宫的"国王菜园"里还种着这个品种。

第一章　梨果

"柠檬皮平"苹果

（ *Malus domestica* ）

这种非常古老的菜用苹果可追溯至 17 世纪（当时常常切片油煎食用）。成熟时，"柠檬皮平"独特的形状和颜色都非常像柠檬，常常会发生误认的情况（中等大小，椭圆形，果柄常覆盖肉质瘤）。它在果用期（秋季至春季）末期是一种品质尚可的甜点苹果，不过如今已少有栽培。果树（虽然不大）非常耐寒，产量也很高。

"莱茵特早熟黄"苹果

（ *Malus domestica* ）

右页图："莱茵特早熟黄"是一个很古老的法国品种，可追溯至公元 1628 年。古老品种的名字都非常具有描述性——"reinette"就像英语的"pippin"一样，没有什么含义；"jaune"的意思是"黄"；"hâtive"的意思是"早"。所以这是一种早熟的黄色苹果。

"伏花皮"苹果

(*Malus domestica*)

左页图："伏花皮"吃起来的味道要比看上去好得多。
它是个非常古老的大陆品种，1669 年出现在丹麦，经由
丹麦进入英国。据说它起源于奥古斯滕贝格公爵的花园
里，这个花园位于德国石勒苏益格－荷尔斯泰因州的格
拉芬施泰因城堡中。但也有人说它其实是来自意大利
的"维尔白"苹果，只是在后来被带到了格拉芬施泰
因城堡。

"考克勒皮平"苹果

(*Malus domestica*)

这种苹果是在大约 1800 年被一个叫考克勒的人在英国苏
塞克斯郡培育出来的。虽然它和"肉豆蔻皮平"很相似
并常常被搞混，但它们是不同的品种。这是一种不起眼
的晚熟品种，果实大小中等，呈圆锥形。较老的品种常
常呈圆锥形，但圆锥形很快就失去了吸引力，尽管最近
它又开始重新出现。果肉很脆，呈黄色，味道宜人，但
它需要温暖的夏天才能良好结果。

"红纹"苹果

（ *Malus domestica* ）

当"红纹"苹果在 17 世纪问世的时候，它是最受欢迎的苹果品种之一，并被认为是赫里福德郡最好的酿酒苹果。但它的流行并没有持续下去，因为我们发现诺斯曾说虽然它"因其美好的颜色和香味备受珍视，但口感却有些油腻肥厚"。

2. Cox's Orange Pippin.

"考克斯橙皮平"苹果

（*Malus domestica*）

许多人认为这是所有食用苹果中最好的品种，甜度、酸度和香味的比例近乎
完美，但这不是一种容易种植的苹果。它容易感染许多病虫害，并且常常在
最佳食用期之前就被采摘食用，最好还是把它留给专业水果种植者。

Plate VII.

"花皮平" 苹果

（ *Malus domestica* ）

"花皮平" 和 "伏花皮" 正好相反，因为它的外表比味道要好得多。这是一种品质较差的冬季食用苹果。它与法国品种 "弗努耶黄" 苹果很像，在 1806 年首次得到记录。

"布莱尼姆橙" 苹果

（ *Malus domestica* ）

左页图：它的野生幼苗在约 1740 年于牛津郡的布莱尼姆被发现。其花朵中产生的所有花粉都不可育，所以不能作为父本品种。如果嫁接在不合适的砧木上，果树会长得非常高大。它曾经是广受欢迎的两用苹果品种，但现代品种已经在商业生产上取代了它，而它的果树对于大多数现代花园来说也有些太大了。

"小狐狸"苹果

(*Malus domestica*)

这种非常著名的赫里福德郡酒用苹果可追溯至 17 世纪,至今仍在种植。酒用苹果、菜用苹果和甜点苹果的唯一区别在于它们的化学成分(最重要的三个指标是酸度、甜度和香味),所以不同品种才会拥有不同的用途。

"鲁昂鸽"苹果

(*Malus domestica*)

左页图:除了"莱茵特"和"卡尔维尔"之外,"鸽"也用来描述法国的苹果品种,就像英国的"皮平"和"考德灵"一样。"鲁昂鸽"是个古老品种,很可能起源自诺曼底,可追溯至大约 1755 年。这是一个早熟甜点苹果,虽然品质只能算二流,但外观很漂亮。

"小西伯利亚哈维"苹果

（ *Malus domestica* ）

这种苹果是托马斯·安德鲁·奈特在1800年代初使用"小黄西伯利亚"和"哈维金"杂交培育的。它是使用最广泛的酒用苹果之一，果汁非常甜（因此酿出的苹果酒酒精含量很高）。

"小红西伯利亚奥古斯特"苹果

（ *Malus domestica* ）

右页图：它得到种植绝对是因为其观赏价值，而不是因为其果实（非常小，远看像樱桃而不是苹果，果柄和果实一样长）的经济价值。果实的底色为可爱的淡黄色，被阳光照射到的一侧几乎完全变成鲜艳的亮红色。"小红西伯利亚奥古斯特"苹果可以在观赏庭院中充当一棵绝妙的园景树。

"红皮尔曼"苹果

（*Malus domestica*）

左页图：这种苹果曾被称作"贝尔红"，它是在 1800 年之前一段时间问世的。不同寻常的是，三个和它截然不同的其他品种也都被称为"红皮尔曼"。虽然有时也会出现混淆，但这个品种比其他品种更著名（而且品质也更好），所以同名引起的混乱程度很小。

"诺福克牛排"苹果

（*Malus domestica*）

这种苹果有许多别名——根据国家苹果注册中心的统计，足足有 29 个。其中一个名字"诺福克波方"让人感觉它与法国有关系，然而事实并非如此：它是一个纯种诺福克郡品种，而"牛排"指的是当它烤熟后外表看起来就像烤牛排一样。它在 1807 年首次得到记录，是一种非常优秀的晚熟菜用苹果，储藏良好的话可保存至来年 6 月。

Pomme Violet

Api Noir.

De l'imprimerie de Langlois

"墨小红皮"苹果

（*Malus domestica*）

据说（但这种说法不可能是真的）最初的"小红皮"品种是阿皮乌斯·克劳狄从伯罗奔尼撒带到罗马的。"墨小红皮"和原始品种很相似，但是果实颜色为深紫红色——几乎呈黑色，而且擦干净后很有光泽感。它的品质不如"小红皮"，只是因为它的新奇才得到种植。

"紫"苹果

（*Malus domestica*）

左页图：除了这幅胡克的《水果》（1818 年）一书中的插图外，这种苹果的唯一记录是它在 1883 年作为晚熟品种参加的一场展览。另一种后来和它归并为同名的苹果是"卡尔维尔秋紫红"。

"红衣主教"西洋梨

（*Pyrus communis*）

从作家和园丁们并没有给予它太多注意这一事实中，我们可以推断，"红衣主教"的颜色可能是它的主要优点。不过，这一类型的品种仍然在大型花园中发挥着角色，因为（就像苹果树中的野苹果一样）它们可以为果用品种授粉，并为花园增添色彩和趣味。除了给人提供食物之外，它们也是鸟类的优良食物来源。

"舒蒙泰尔"西洋梨

（*Pyrus communis*）

右页图：它的问世时间可以追溯到 1660 年，人们在巴黎北部的尚蒂伊发现了一株野生幼苗。最初的这棵树在 1789 年奇寒的冬季中冻死（巧合的是同年爆发了法国大革命）。很不平整的果皮下面是品质很高的果肉，但果实口感容易有沙砾感。

W. Hooker. 1818.

The Chaumontelle Pear.

"小麝香"西洋梨

（*Pyrus communis*）

左页图：虽然好几个品种的名字里都有"麝香"，但叫"小麝香"的仅此一个。事实上，你很难想象它的尺寸，因为所有被称为"麝香"的品种都已经很小了。异乎寻常的袖珍尺寸可能是它消失的原因之一。

"波尔多的安杰莉克"西洋梨

（*Pyrus communis*）

这种法国梨曾被称为"安杰莉卡"，大约在 1708 年被著名苗圃商乔治·伦敦引入英国。它以"圣马夏尔"的名字种植了大约一个世纪，有人认为这才是它最初的名称。

第一章 梨果

霍格的《赫里福德郡果树》（1876-1885 年）一书中的梨品种

"弗里莱"、"泽西的路易丝波恩"、"威廉姆斯好基督徒"、"阿曼里斯伯雷"和"佛兰德美人"。这五种梨中如今至少有三种仍广泛种植。"泽西的路易丝波恩"起源于 1788 年，最初的名称只是简单的"路易丝"。后来这个名字加长成了"路易丝波恩"，然后又成了"阿夫朗什的路易丝波恩"，最后才变成现在的名字。"威廉姆斯好基督徒"（即"巴梨"）在本书后文有描述（第 66 页）。"阿曼里斯伯雷"的起源不详，不过曾经广泛种植，现在有了许多比它更好的品种。

"常春橡"西洋梨

（*Pyrus communis*）

任何能够被称为"常春橡"的梨都理应在本书占得一席之地。不过关于此品种的问题比它的答案更多，不幸的是，除了皮埃尔－安托万·普瓦托在《法国果树》中介绍了它的命名之外（这幅插图也摘自这本书），别处都未曾提起过它。

第一章　梨果

"早熟梨" 西洋梨

（ *Pyrus communis* ）

像许多优秀的梨一样，"早熟梨" 也是一个源自法国的古
老品种。它极为耐寒，即使是在夏季凉爽的苏格兰也一
样，只要有向阳墙壁的保护就能良好地生长结实。在外
观上，它和 "孔弗兰斯" 不可谓不像——果实长而窄，
绿色果皮上分布着一片片黄褐色的斑点。它在 8 月中下
旬成熟，熟后必须立刻采摘，因为它很容易从果实中央
向外褐化腐烂。

"夏日好基督徒" 西洋梨

（ *Pyrus communis* ）

右页图：在英国，这种梨的另一个名字更为人们熟知：
"Summer Bon Chrétien" [1]。这是个品质一般的品种——果树
很不耐寒，果实口感过于松软，不过用于菜肴还是很不
错的。

1　只是将法语词的 été（夏天）改成了英语的 summer 而已。

"巴梨"西洋梨

(*Pyrus communis*)

它曾被称为"威廉姆斯好基督徒"，至今尚不清楚到底是谁真正培育出了这个世界著名的品种，但我们确知的是它于 1770 年之前不久首次出现在伯克郡的奥尔德玛斯顿。繁殖并出售它的苗圃商是米德尔塞克斯特尔汉格林的威廉姆斯先生。然后，在 1799 年通过波士顿附近某位叫巴特利特的先生进入美国之后，它沉寂了一段时间，然后被自己的新主人重新命名。从此以后，"巴梨"就成了世界上种植最广泛的梨。

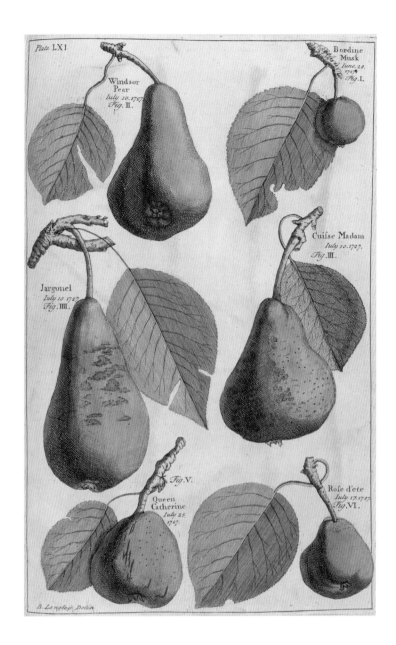

兰利的《果树》一书中的梨品种

"温莎梨"、"博尔丁麝香"、"早熟梨"、"屈斯夫人"、"凯瑟琳王后"、"夏日玫瑰"——这些梨在 18 世纪上半叶种植于英国。梨的标准没有苹果高——因为只有那几种英国培育的品种能够在英国种植，而大多数法国品种都不能适应英国夏天的天气。

无名西洋梨

（ *Pyrus communis* ）

这种梨的外观很漂亮，与"伯雷哈迪"和"寇密斯"相仿，很难想象威廉·胡克这样的一流画家竟然会忽视它的名字。所以我们几乎可以肯定这种梨并没有名字，而不是被人遗忘了。

"阿伦堡伯雷"西洋梨

（ *Pyrus communis* ）

右页图：这个品种常常和与其外表非常相似的"格卢·莫罗"发生混淆，但两者是不同品种。区分两者的唯一方法是在两个品种中猜一个你最有把握或者出现频率比较高的。"阿伦堡伯雷"是一种不错的甜点梨——尽管算不上出色，它主要的优点在于晚熟。

Beurré d'Orenberg.

Turpin pinx.ᵗ   De l'Imprimerie de Langlois.   H. Legrand sculp.ᵗ

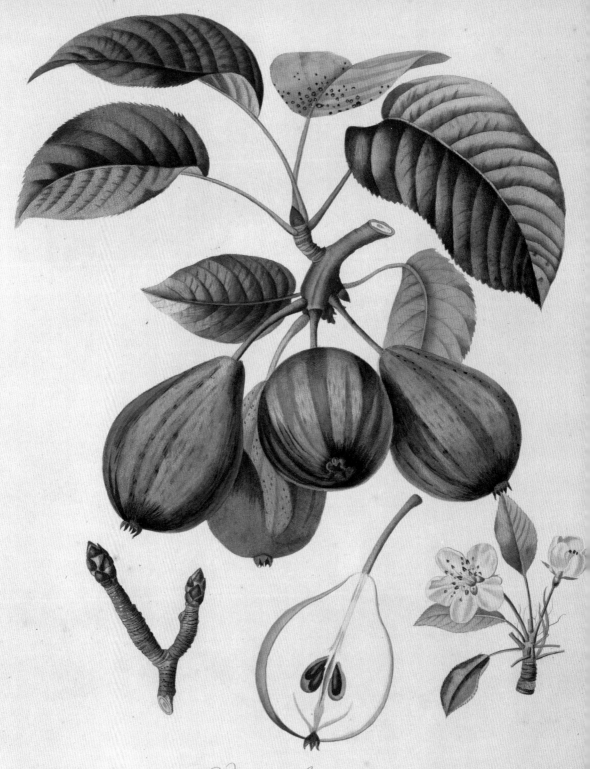

Verte-longue panachée.

Turpin pinx.   De l'Imprimerie de Langlois.

"寇密斯"西洋梨

（*Pyrus communis*）

"寇密斯"无疑是全世界最优质的梨。它的果实很大，11 月成熟后品质无可挑剔。果肉汁水丰盈，呈淡黄色，在快要发生变质之前最鲜美多汁。问世后不久，它于 1849 年（在法国昂热）第一次结果，后来在 1858 年被托马斯·戴克·阿克兰爵士引入英国。

"绿长羽"西洋梨

（*Pyrus communis*）

左页图：这个品种之所以出名，是因为它的果实、叶片和幼嫩枝条（有时）上会出现奇异的条纹。这些条纹呈现出"芽变嵌合体"的典型特征——这种情况会发生在芽接或枝接后，砧木的部分细胞进入了接穗品种体内，单独出现在某一独立细胞层中。于是接穗和砧木的不同特征就会分别出现在同一植株上。

沙
梨

"克拉萨恩"西洋梨（*Pyrus communis*）

法国一直在出产优质梨，现在依然如此。这个古老品种被现代品种取代的唯一原因是：它的大小和形状不再符合当今的水果销售形象。不过，它仍是一种品质优良的甜点梨，最早可追溯至 1693 年。

沙梨

（*Pyrus pyrifolia*）

左图：这是另外两个物种［鸡公梨（*P. serotina*）和秋子梨（*P. sinensis*）］的杂交种，在 1980 年代之前，远东之外的地方几乎没人知道它的存在，它在远东的品种数量多达三千个。在淘金热中，它们以种子的形式被中国劳工带到美国。如今它们已经广泛种植在澳大拉西亚、美国西部、中美洲和欧洲南部。它们的味道比欧洲品种淡，而且最古老的品种拥有很强的沙砾感，这个瑕疵已经在育种过程中消除了。最受欢迎的品种是"丰水"、"幸水"、"20 世纪"、"新世纪"、"梨"和"深水"。

"埃尔顿" 西洋梨

（*Pyrus communis*）

这个品质极佳的英国梨的实生苗是在 1812 年被托马斯·安德鲁·奈特发现的，生长在赫里福德郡的埃尔顿。据奈特估计，即使早在那时它的树龄就已经达到大约 170 年，它伫立在那里如此之久都未曾被人注意，这实在令人惊讶。

"马丁塞克" 西洋梨

（*Pyrus communis*）

右页图：如果不是最早的，它也无疑是最早得到记录的栽培梨之一，因此引起人们的浓厚兴趣。据说在 1292 年，英格兰国王爱德华一世的水果商就是将这种梨（以及其他水果）送到国库的。虽然它在当时被描述为甜点品种，但要记得当时的评判尺度是完全不同的，根据今天的标准，它会被认为是菜用品种。它还在 17 世纪末和 19 世纪初分别得到了让−巴蒂斯特·德拉昆汀耶和威廉·福赛思的推荐。

Martin Sec.

De l'Imprimerie de Langlois.

"桑吉诺尔"西洋梨

（*Pyrus communis*）

它更像是一种珍奇古董而不是用来种植食用的品种，历史非常古老。它的鲜
红色果肉十分醒目，不过这貌似是它赖以成名的唯一品质。它很可能与帕金
森在他的《天上与地上的天堂》（1629年）一书中提到的"血红梨"是相同
品种。

"塞柯"西洋梨

（*Pyrus communis*）

左页图：以设陷阱打猎为生的杜奇·雅各布在费城附近的树林里发现了这种
小个头的高品质美国梨。美国园艺学家威廉·考克斯认为它是"我国或任何
其他国家"最好的梨（这可以理解，因为他在"寇密斯"出现之前就去世
了）。然而享有这份殊荣的"塞柯"其实是从丢弃的梨核长成的实生苗。它的
命名来源是其最初生长的土地后来主人的名字。

榅桲

（*Cydonia oblonga*）

榅桲从未在全球较冷凉的气候区得到广泛栽培，因为它们在地中海气候下生长得最好。它传播得非常遥远，以至于其真正的起源尚无法确定，不过所有证据都表明它来自大多数梨果传统上的摇篮——土耳其斯坦和高加索地区，那里至今还有野生榅桲生长。美索不达米亚也是最早栽培榅桲的地区之一。榅桲很快向南扩散到地中海地区，在普林尼开始写作的时期（公元 1 世纪），克里特岛上已经有很大一片栽培榅桲的区域。

榅桲

（ *Cydonia oblonga* ）

榅桲属、梨属和木瓜属这三个属已经纠缠不清了数百年，所以物种的位置也很
不容易确定。目前的情况是这样的：榅桲属代表栽培榅桲，梨属包含了所有的
梨，而木瓜属代表观赏榅桲（包括我们许多人所称的"日本山茶"）。

"葡萄牙"榅桲

（ *Cydonia oblonga* ）

右页图：它大概是最优质的品种，被强烈推荐用于烹饪和腌渍。和其他品种相
比，它需要更长时间才能开始结实，在较温暖的气候下生长得最好。

"梨形"榅桲

（ *Cydonia oblonga* ）

虽然这个名字很奇怪，但能够有效地将它和其他品种区分开（甚至还有一个"苹果形"
榅桲）。"梨形"榅桲是帕金森在 1629 年描述的几个古老品种之一，不过由于它的果肉较
干，并没有被认为是特别好的品种。

榅桲

（ *Cydonia oblonga* ）

左页图：现代榅桲和这里描绘的古代榅桲是非常不同的水果。现在种植的数个品种都比
原始品种更大且品质更佳。难以和"贝雷茨基"区分开的"弗拉佳"是花园中种植的主
要品种，不过"梨形"和"葡萄牙"也有相当程度的栽培。

第一章　梨果

欧楂

（*Mespilus germanica*）

欧楂并没有非常精致并富含褒义的名字，而且大多数种
植这种水果的国家都给它们起了当地的俗名。有人说它
的味道就像它的外表一样糟糕。尽管需要慢慢品味才能
学会欣赏楹椁的味道，但那些发现了隐藏在其中妙处的
人都坚定地拥护这种水果。不过必须让它在果树上充分
成熟后才能采摘食用。

兰利的《果树》一书中的欧楂和楹椁

右页图：1.欧楂；2.“葡萄牙梨型”楹椁；3.“葡萄牙苹果
型”楹椁；4.花楸；5.英国楹椁；6.小檗。欧楂在中世纪的
英国很流行，当时的栽培比现在更广泛，任何曾经品尝
过它们的人都会明白为什么会这样。花楸树会结花楸浆
果，甚至连小檗的果实都曾被当作食物。

Pl. 73

Medlar *Fig*. I.

Portugal,
Pear-Quince.
Fig. II.

Portugal,
Apple-Quince.
Fig. III.

Seruice *Fig.* IIII.

English,
Quince.
Fig. V.

Berberry

Fig. VI.

"荷兰人"欧楂

(*Mespilus germanica*)

左页图：它的果实比"诺丁汉"的大，但结果数量没有那么多。某些欧楂爱好者认为它的味道较差，但就像爱德华·班亚德曾经说过的那样："既然（我）不能欣赏这种水果，那么从（我）个人来看，应该认为它们都同样难以入口。"

"诺丁汉"欧楂

(*Mespilus germanica*)

在如今栽培的两个欧楂品种中，"诺丁汉"是目前最流行的。它的果实比"荷兰人"的小，但结果数量多得多。欧楂的味道也是需要慢慢体会才能欣赏的，不过它们仍然为我们提供了一种观赏性很强的小乔木。

Chapter Two
Stone

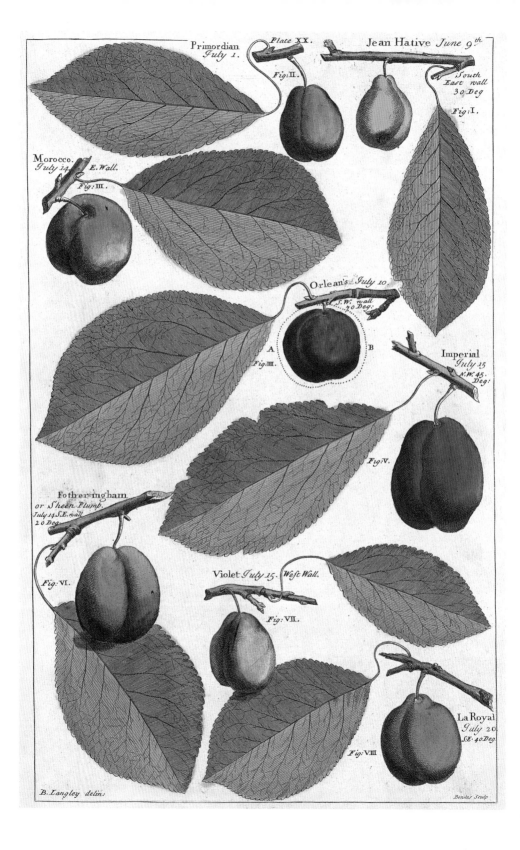

Primordian
July 1.

Plate XX.

Fig: II.

Jean Hative June 9.th

South
East wall
30 Deg

Fig: I.

Morocco.
July 14.   E. Wall.

Fig: III.

Orlean's July 10.

S.W. wall
70 Deg:

A   B

Fig: IIII.

Imperial
July 15
N.W. 45
Deg:

Fig: V.

Fotheringham
or Sheen Plumb.
July 14 S.E. wall
20 Deg.

Fig: VI.

Violet July 15.   West Wall.

Fig: VII.

La Royal
July 20.
S.E. 40 Deg.

Fig: VIII.

B. Langley delin:

Bowles Sculp

第二章 核 果

　　蔷薇科还包括李属（*Prunus*）。这些深受人们喜爱的乔木和灌木果树广泛种植在北半球温带地区，除了美味的果实用于食用，常常还有美丽的春花可供欣赏。这个属可以分为四类：李子和杏代表第一类；第二类是桃、油桃和巴旦木；第三类是甜樱桃和酸樱桃；最后一类是鸟类喜食的野生稠李等。桑葚由许多小核果聚合而成，它和无花果以及印度大麻（看法并不一致）都属于桑科。桑的栽培常常只是因为它作为纯粹树木的美丽，而不是为了它果实的经济价值。

　　千百年来，李子一直是一种很受欢迎的水果，而且就像同属蔷薇科的苹果一样早在史前时代就被人食用了。李子的品种数量超过两千个，超过了所有其他核果型水果的总和。据说是亚历山大大帝将李子从叙利亚或波斯引入了欧洲，在那里乌荆子李有着悠久的栽培历史。而古美索不达米亚人和亚述人的记录都提及了李子的栽培。像樱桃一样，李子也是夏季最早

兰利的《果树》一书中的李子品种
左页图：将近三百年前，李子的品种数量就已经多得令人吃惊了。不幸的是，庞大的品种数量伴随的是不可避免的低劣品质（以现代标准来看）。不过我们可以从图中看出，提高栽培果实标准的工作正在进行，品质标准在之后的一百年内得到了巨大提升。

结实的果树之一，而它低垂枝条上的花朵常常用作观赏，特别是在日本，那里的本土李子是中国李（*Prunus salicina*）；另一方面，李树的果实肯定是大自然对园丁最重要的馈赠之一，特别是一枚成熟又多汁的青李。李子的用法非常多样——不过尽管炖李子、李子布丁、李子馅饼、李子果酱甚至李子酒都能够把看起来最不可爱的菜用李子转变成可口的食物，但它们都不如真正成熟的甜点李子给人带来的愉悦。

　　栽培李（*P. domestica*）这个物种并不存在于野外，它是水果种植者们多年坚持不懈地杂交得到的成果。位于瑞士的史前湖泊遗址中曾出土了其他李子物种的果核，但没有栽培李，说明它是在后来通过杂交引入栽培的。不过还有几种拥有李子类果实的其他李属物种原产于亚洲和欧洲北部，如只分布于欧洲的黑刺李（*P. spinosa*），以及分布范围从喜马拉雅山脉延伸至北非、跨越整个欧洲直抵苏格兰南部的乌荆子李（*P. insititia*）、布拉斯李和法国的黄香李都属于后者。奇怪的是，英国乌荆子李并非源自于乌荆子李的北方种类，它的祖先是数千年前在大马士革周围生长的乌荆子李。它最初的名字"大马士克恩"就源自于"大马士革"这个词，后来讹变成了"damson"。与其相反，布拉斯李是唯一的英国本土野生李。

　　栽培李的真正起源发生在俄罗斯南部，樱桃李（*P. cerasifera*）的果实在那里被游牧部落食用、采集和种植。樱桃李有两种类型，一种结红色果实，另一种结黄色果实，如今它已经扩散到整个欧洲以及更远的范围。樱桃李之所以分布得如此广泛，是因为它非常适合用作栽培李树的砧木。苗圃工人们发现它非常容易繁殖，因为它会从根系的不定芽上长出大量"萌蘗条"。不过对于园丁们来说，这种萌蘗是把"双刃剑"，因为即使当李子树老死，樱桃李仍然会继续生长，常常会从基部向上长出许多萌蘗枝条。老普林尼在他的大百科全书《博物志》第二十三卷中描述了罗马人对李子的喜爱以及对李树的栽培，而我们今天能够拥有这么多品种，很可能要感谢这些古罗

"什罗普郡"乌荆子李

（*Prunus insititia*）

右页图：出于某种费解的原因，它还会被称为"深紫"乌荆子李和"柴郡"乌荆子李。可能的原因是，它是一株源于野外的实生苗，然后在不同的人之间私下传播扩散。这会不可避免地造成许多别名的出现。

Damas d'Espagne.

马水果种植商的努力。

栽培李中有李子和青李。李子和青李之间的区别是纯粹英式的，因为它们按照果实的品质以及相应的用途来分类。李子用于烹调、水果罐头、果酱等，而青李（真正的贵族）是甜点水果。这种区别或多或少已经消失，大部分现代品种都可用于这两类用途。就像爱德华·班亚德曾经说过的那样："维多利亚（李）和它们的同类应该好好待在厨房里，它们烹调后很受欢迎，但很难达到甜点的最佳标准。"品尝了真正的青李之后，你就会明白他为什么会这样说。

青李在15世纪末或16世纪初从法国来到英国，被当时的人们称为"雷内·克劳德"，这个名字是为了纪念克劳德王后，法国国王弗朗索瓦一世的妻子。它们在后来才变成"青李"，为了褒扬在1725年将它们引入英格兰的威廉·盖奇爵士，它们被重新命名为"绿青李"。这些最初的青李小而圆并且呈绿色，绝佳的滋味不同于任何其他李子。奇怪的是，这种味道在香茎鸢尾（*Iris graminea*）的香气中也会出现——大自然常常要这样的把戏。人们使用绿青李作为亲本培育出了许多杂交种，它们明显地保留了它的味道，名字中一般有"青李"这个词。于是，我们有了"剑桥"青李、四种"透明"青李以及法国杂交种"巴韦的雷内·克劳德"，还有其他新品种。"透明"系列源自英国著名苗圃商托马斯·里弗斯从法国带到英国的果树。他是在巴黎附近的拉费苗圃发现它们的，这些果树被标记为"雷内·克劳德·迪阿法恩"，"迪阿法恩"（diaphane）指的是它果皮的透明性。这些树并没有很好地适应英国的环境，生长和结实状况也无法让人满意。不过，里弗斯播种了从少量结实果树上得到的果核，然后在1866年选出了三株实生苗。他随后将其中一个命名为"早熟透明青李"。这个品种的结实比亲本还早，他给亲本起的名字是"透明青李"。还有一株实生苗叫"晚熟透

"西班牙"乌荆子李

（*Prunus institia*）

左页图：这个二等甜点品种的大小和乌荆子李很像（从名字上就能看出端倪——"达姆森"、"达马斯"、"大马士克恩"和"大马士革"大体上都是同一种水果的衍生名称）。它们源自叙利亚的大马士革，最初称为大马士克恩，后来才成了damson。除了它曾经存在过之外，关于这种"西班牙"乌荆子李，我们知之甚少。

一般需要在吃之前进行某种处理，它们是烹饪用水果。从名字上就能看出来（damson是叙利亚大马士革的衍生词），首先使用它们的是古代中东人。它们非常棒——乌荆子李子酱的口味独树一帜，而乌荆子李杜松子酒是黑刺李杜松子酒的绝佳替代品。

中东人大概也是第一批通过干燥过程制作李子干的人。有些品种的李子在干燥后仍然能够保持最初的饱满和风味。来自法国阿让周围区域的李子在几百年里都被认为是最好的，如今也是加利福尼亚李子干产业的主要原料。由于李子干能够舒缓糟糕的消化系统，那些小职员们很快就对它们上了瘾；事实上，许多人觉得如果不在早上"服用"李子干或李子干汁，就没办法挨过一整天。就连彼得·崔里斯的《大本草志》（1526年）中都说，晾干15天然后保存在糖浆里的李子具有"舒缓肠胃"的功效。看起来李子干已经出色工作了将近五百年。很少有其他自然疗法能够经受如此漫长时间的考验并仍然得到

明青李"，第三个被他命名为"金色透明青李"。一些自古至今味道最棒的青李品种就这样诞生了，它们都有半透明的果皮，将果实拿起并对着光观察，你甚至能够看出果核的轮廓。

青李是真正鉴赏家的水果，但种植它们并不困难，只要在花期保证充分的杂交授粉并提供防冻保护即可。相比之下，乌荆子李最好不要立即食用，

"普罗旺斯"乌荆子李

（*Prunus institia*）

右页图：乌荆子李和李子的主要区别在于它们的大小、形状和味道。乌荆子李、布拉斯李以及黄香李都源自于乌荆子李。有种叫作"好天气"的乌荆子李甚至被认为是某种乌荆子李和某种李子的杂交后代。然而乌荆子李的味道和李子的截然不同。

Damas de Provence.

63.

De l'Imprimerie de Langlois.

Bouquet Sc.

人们的广泛使用。

　　樱在很多方面都和李子很像。它们的花朵几乎和春天同时降临，特别是在日本，那里的樱花是非正式的民族象征，在文艺作品中广受传颂。春日盛开的樱花会吸引来自全日本的成千上万的游客，樱在这个国家享受的就是如此被尊崇的地位。不过无论它的花有多么美丽，樱的历史和李子一样复杂，拥有许多令人困惑的物种、亚种、变种和品种。大约四十年前，英国樱桃市场上还只有三个主要品种。"早熟里弗斯"揭开樱桃季的序幕，"拿破仑毕加罗"收拾尾声，夹在它们之间的是经典的"滑铁卢"，它的颜色深红，近乎黑色，和成熟的"莫雷洛"颜色相同（"滑铁卢"的味道十分出色）。这三个品种占据市场的时候，樱桃季（从7月初开始）好像总是阳光灿烂。也许这是记忆在耍把戏，让我们只想起阳光而很少想起雨水。

　　樱桃作为可食用水果的历史可追溯至许多个世纪之前。丹麦人早在中石器时代就开

"白"乌荆子李

（*Prunus institia*）

左图：在拥有其他众多乌荆子李的情况下，这个品种除了特别的颜色（对于乌荆子李来说）之外，没有什么值得推荐的。和大多数其他乌荆子李不同的是，它的果核与果肉粘连，这是该品种的缺点。不过它在乌荆子李中仍是一个与众不同的品种。

始吃樱桃，瑞士的湖区人也是如此。对在果园中种植樱桃最古老的记述来自于公元前8世纪的美索不达米亚地区。我们现在栽培的樱桃源自两个物种：一个是培育出甜味樱桃品种的甜樱桃（*Prunus avium*）；另一个是培育出酸味樱桃品种如"莫雷洛"的酸樱桃（*P. cerasus*）。还有它们杂交得到的品种，比如英国的"公爵"系列品种，以及法国的"皇家"和"昂格莱斯"。它们都更接近酸樱桃而不是甜樱桃。甜樱桃可能来自黑海或里海地区，而酸樱桃大概源自瑞士阿尔卑斯山脉和亚得里亚海之间的地区。不过，四千年前的中国曾有关于某种水果的记录，其描述非常像是某种樱桃，所以它们可能从那里起源，然后通过中亚、中东和地中海地区扩散至欧洲。甜樱桃的野生幼苗和萌蘖条在千百年来都用作栽培樱桃的砧木。从19世纪中期开始，主要是在美国和欧洲大陆，人们还使用来自欧洲中部和南部的马哈利樱桃（*P. mahaleb*）的幼苗。

早在公元前5世纪的中亚地区就出现了不同的樱桃品种，其中有个叫作"庞提卡姆"。罗马人也栽培樱桃，普林尼在世时已经有数个得到命名的品种，根据他的描述，"阿普罗尼安"的颜色最红，"卢塔蒂安"的颜色最深，"西西林"的形状是圆的，"朱尼安"直接从树上摘下来吃的味道很好，而"杜拉奇纳"是所有品种中最好的。在1768年写出《果园》的约翰·吉布森曾提出，"阿普罗尼安"大概是簇生樱桃，"卢塔蒂安"是欧洲甜樱桃，"西西林"是肯特樱桃或"全红"，"朱尼安"可能是法国长柄黑樱桃，而"杜拉奇纳"可能已经变成了果肉紧实的毕加罗甜樱桃，即英国心形樱桃。甜樱桃在英国被食用的证据可追溯至铁器时代晚期。而酸樱桃的果核曾出土于青铜时代中期的遗址。樱桃在罗马人占领的英国站稳了脚跟，然后又有许多品种从国外引入。16世纪的英国草药医生约翰·杰拉德曾提到来自意大利的"那不勒斯"，而约翰·帕金森在17世纪初列出了30个品种。"约翰·崔德斯坎特"几乎和精致的黑色"诺布尔"完全相同，后者是一直种植到20世纪的商业品种。作为英国国

"蓝皇后"李

（ *Prunus domestica* ）

右页图：又称"皇后"，它是最晚成熟的李子品种之一，10月中旬左右可食用。事实上，如果想品尝它最好的滋味，建议将它留在树上直到它刚要开始皱缩（10月末至11月初），福赛斯说它在这时候是最甜的。

William Hooker fecit
London. 1816.

The Imperatrice Plum.

王查理一世的园丁，老约翰·崔德斯坎特在 17 世纪最先引进了这个品种，它在美国被称为"崔德斯坎特黑心"樱桃。这听起来有些骇人，但许多樱桃的命名都与之类似，因为它们的形状都是心形的（如"白心"或"埃尔顿之心"）。

之后，美国和加拿大培育出了很多优秀品种，"兰伯"和"宾"是其中种植最广泛的两个。加拿大培育出了第一批自交可育的品种，包括"斯特拉"和"日光"。在它们出现之前，一棵樱桃树如果没有别的品种授粉，它只能结出极少的果实（如果有结实的话）。由于消费者的偏好，黑色品种因为果实更软、更多汁并且更美味而受到青睐。人们可能还会觉得白色品种——部分带粉红色——不是特别熟，而近乎黑色的泛着光的深紫色樱桃看起来会更好吃。无论出于什么原因，除了罐头和其他形式的加工之外，基本上没有对新白色品种的需要。

虽然樱桃是一种广受欢迎的水果，但它的栽培却困难重重。直到不久之前，樱桃树的尺寸还很庞大，对于家庭花园来说太大，商业果园栽培也不经济。果树生长使用的砧木对其尺寸和生活力的影响是最主要的，但对于樱桃来说，很难找到能和接穗（实际上是樱桃品

"威尔莫特早熟紫"李

(*Prunus domestica*)

右图：虽然没有充分的文献记录，但我们知道约翰·威尔莫特在 19 世纪初米德尔塞克斯郡的艾斯勒沃斯拥有一片"庞大（60 英亩／25 公顷）的园艺设施"。除了栽培乔木和灌木果树之外，他在这里大量种植草莓（如"威尔莫特"草莓）的事迹更加著名。

种）长期相容的砧木。一般经过大约十年之后接穗和砧木的结合就会失败，果树就这样分崩离析了。比利时和德国已经培育出了几种很有希望的砧木，而且（特别是德国）还培育出了用于甜樱桃品种的优良低矮砧木，这些砧木正在英国、美国和其他地方进行试验。樱桃还容易开裂，因为它们的果皮会吸收太多自己无法使用或蒸腾出去的雨水。在家庭花园中，使用聚乙烯塑料袋覆盖果树能够解决这个问题，但在商业种植环境下这种做法的效率显然很低。另一个方法是找出控制果皮孔隙度的基因——又一个转基因能够避免经年累月工作的例子。樱桃的商业栽培在欧洲北部曾经很常见，但由于果树尺寸和果实开裂的问题，如今大多数樱桃都产自欧洲南部和美国。樱桃最好在采摘后立即食用，因为它们会很快变软。最佳购买地点是种植它们的农场的商店里，但就像许多传统一样，这种行为也在慢慢减少。

夏天的樱桃采摘季曾经是学生和其他年轻人的好时光。长长的木制采果梯子在果树之间被搬来搬去。当采果子的人爬到果树顶端，停止身体去够那些够不着的樱桃时，梯子常常会摇摇晃晃地扭动起来，引发地面上的人一阵哄笑。你需要很好的技巧才能在梯子上重新站稳，不至于丢掉所有樱桃或者从梯子上掉下来摔断自己的脖子。这样的日子可能早已过去，但樱桃仍然是深受喜爱的水果，特别是淘气的孩子们，他们总是不厌其烦地用果核投掷那些毫无防备的倒霉路人。

桃和油桃也是李属的成员。作为最令人垂涎的水果，它们自公元 1 世纪起就在欧洲栽培，但它们在英国的早期栽培证据却只见于约翰王公元 1216 年过早离开人世的事件。他在纽瓦克堡死于痢疾，病因很显然是因为他在肚子里塞进了过量绿桃子和艾尔啤酒。人人都知道成熟的桃子不应该是绿色，所以我们可以知道这位国王是因为什么才落得如此结局的。继续向前追溯桃子的起源，我

"皇家"李

(*Prunus domestica*)

左页图：虽然它看起来很不显眼，但这种李子其实是品质最好的。果实在 8 月至 9 月成熟，在成熟时常常皱缩并且需要留在树上成熟。它源自法国，至少可追溯至 1724 年（它出现在斯蒂芬·斯威策的《实用果树园丁》中）。它曾经被种植在伦敦汉普顿宫的皇家花园里。

们可以理解许多权威认为桃（*Prunus persica*）来自波斯或现在的伊朗；毕竟"*persica*"的意思就是"波斯的"。事实并不是这样，因为桃和油桃都来自中国和朝鲜半岛地区。和它们的表兄弟樱桃一样，桃和油桃的现存记述可追溯至四千年前。我们还不能确定为什么会出现这样一个误导性的拉丁学名，不过很有可能是因为古罗马人（或他们之前的古希腊人）在波斯发现了在那里种植或出售的桃。不管怎样，我们现在知道桃是从远东而来，并且很有可能通过丝绸之路来到了西方。

如果用种子繁殖果树，得到的幼苗往往是前面所有世代的混杂体，然而桃貌似（部分地）忽视了这一自然规律。与苹果和梨不同，使用种子种出的桃树几乎总是能结出优质并相似的果实，许多优良但无名的品种都是这样得到的。果实成熟期或许是它们之间最大的区别。因此，从遗传的角度来说，桃是一种稳定的水果，不过在它产生油桃时的确发生了一次重要的遗传变化。但是就像所有芽变一样，这两种水果在植物学上是同一个物种。这个突变最初的发生时间我们已无从知晓，但肯定是在很久之前，因为有记述表明油桃（和桃一样）来自中国。有关该突变的最奇怪的一点是，从理论上说它可以在任何时间重现。许多较老的园艺书都告诫种植者，在繁殖的时候一定要从全部结桃或油桃的稳定果树上采取枝条——在一个世纪之前，无论桃树还是油桃树，它们长出同时结桃和油桃的枝条都是很常见的。就连果皮部分光滑部分带毛的果实亦不算罕见。实生苗的表现也是如此。而且，如果将桃和油桃杂交，后代都会是桃（就是说它们的果皮都带毛）。只有继续自交授粉得到的后续世代才会出现果皮光滑的果实，这非常清楚地说明是隐性基因导致果皮变得光滑。

在 17 世纪，包括桃和油桃在内的许多新水果品种从欧洲其他地方来到英国，那些今天依然常见的品种名就是从这时开始出现的。例如，"厄尔鲁奇"油桃时至今日仍

"绿岛"李

（*Prunus domestica*）

右页图：除了出现在《新杜哈梅尔》一书中的画像外，这个品种别无其他可靠的记录。果实的形状和今天的几个菜用品种很相似，如"黄蛋"、"大李干"和"紫波绍尔"，这说明它主要用于厨房里而不是晚餐的餐桌上。

樱桃李

（*Prunus cerasifera*）

樱桃李看起来就像小型的红色或黄色李子。它在过去主要用作风障或者为李子和青李充当砧木。对于许多如今在花园里偶遇它们的人来说，他们看到的实际上是一株古老（常常已经死亡）的李子树根部长出的萌蘖条。这种水果用在炖菜里味道很好。

然在出售，即使按照今天的标准它也是个很好的品种。然而桃和油桃在地中海气候下才能最良好地生长，如果要在欧洲北部栽培，必须加以保护或者在特别适宜的小气候中种植。这并不是因为它们不耐冬季寒冷，而是因为它们需要比冷凉地区所能提供的更长更热的夏天。直到托马斯·里弗斯在20世纪初培育出著名的"鹰隼"系列桃品种之后，它们才进入较不适宜地区的种植者和园丁的视野。这些桃包括"苍鹰"、"茶隼"、"游隼"和"海雕"，后三个品种今天还在种植；实际上"游隼"仍然是北方气候户外种植中最可靠的桃。油桃的颜色通常更加鲜艳，果皮上有更多红色，果实较小。有人认为它们的味道也不同。

桃的商业种植已经从欧洲北部的温室走到地中海地区、非洲南部和美国南方各州的室外。它们在16世纪跟随西班牙探险者来到美洲，然后很快适应了那里的环境。欧洲和美洲之间的品种交流是双向的，许多美国培育的新品种也来到了欧洲，包括"早熟黑尔"、"阿姆斯登"系列和"罗契斯特"。今天，加利福尼亚州是美国产量最高的桃子产区，并且培育了许多种植在这里的商业品种。在欧洲占据市场份额最大的是地中

海国家。最后必须要提到深粉色的茂盛桃花。令人遗憾的是，桃花在春天开放得非常早——3月甚至是2月末，因此常常被冰霜毁坏，不过它的美的确叫人惊艳，一树桃花的景象很难被人忘记。

"杏是隐藏在桃子外衣下的李子"——马费特博士如是说，那首以"马费特小姐坐在小土墩上……"开头的苗圃农谚就是他的作品。不过马费特博士还在17世纪写了许多有关杏的医药性质和其他特点的东西。事实上，他的上述描述的确很符合杏（*Prunus armeniaca*）的外表，因为它们看起来就像带毛的李子或者小型的桃。并且和桃一样，杏的拉丁学名也很有误导性：虽然在亚美尼亚发现了野生的杏，但其实它们起源于中国，那里是许多重要和美丽植物的故乡。

从一定程度上说，李属内的所有核果之间都是相容的，如果种间杂交的话，甚至有可能（虽然可能性不大）成功获得后代。在大部分情况下，这些后代——称作"种间杂种"——充其量只是些品质不良的串儿而不是优质杂交品种，但也有可能得到一些奇怪的结果。例如，曾经有一种叫作李杏的奇怪水果，它是李子和杏的共同后代，还有一种桃杏。无论它们结局如何，大多数都

只有猎奇的价值而已。不过这的确揭示了大自然跨越界限的能力，而李属在这方面表现得很突出。由于缺少更早的证据，杏有可能直到 15 世纪中期才来到英国。到该世纪即将结束时，它们仍然还只种植在大型乡间别墅的花园里，在那里向阳墙壁可以为果树提供保护，以便它们茂盛生长。与桃和油桃一样，杏很耐冬季严寒，但在春天开花极早。因此除非提供保护，否则它们容易在开花时被霜冻伤害，那样的话这一年的收成也就完了。杏的花期甚至比桃和油桃还要早一些，所以它需要格外精心的照料。

"莫尔帕克"是已知现存品种中最古老的，并且是如今英国种植最广泛的品种。有趣的是，人们认为"莫尔帕克"是一株桃杏杂交植物的幼苗。"布里达"也名列某些苗圃的商品清单中，但就像非常古老的品种常常发生的那样，人们对于如今作为"布里达"出售的果树的身份还有一些疑问。像桃一样，杏也很少种植在欧洲北部较冷凉的气候区，因为它们花期极早并且需要更长更炎热的夏天。果实一般从地中海地区、非洲南部、新西兰和美国南部各州进口——无论是鲜果还是杏干，这些杏的价格很便宜，使得在别的地方生产完全不经济。

我们最后要谈的是桑葚，和前文所述的单生核果不同，它是由许多小核果组成的聚花果，属于桑科（Moraceae）。有两个重要物种特别值得我们关注：白桑（Morus alba）和黑桑（Morus nigra）；还有一种红桑（Morus rubra），但它的种植是为了观赏而不是因为它的果实。白桑的桑葚品质远远不如黑桑，但它在丝绸产业的地位很重要，因为它的树叶是蚕的主食。它的果实可以吃但品质很一般，并且早在 17 世纪中期就被用来制造桑葚汁。就像在 20 世纪晚期欧洲曾有人向红酒中非法添加防冻剂以"改良"它们的口味那样，桑葚汁曾用来添加到苹果酒、白葡萄酒甚至是醋中，让它们变成红酒的样子，毫无疑心的饮用者直到喝下第一口时才会意识到可怕的事实。

如果想一探黑桑的起源，你必须来到高加索山脉周围的中亚地区并进入尼泊尔。这片地区的许多考古遗址中都曾发现黑桑的种子，它们从这里传播到新月沃土以及更远的埃及。《圣经》中提到过桑葚，特别是《旧约》里的诗篇中，但不清楚文中所指是哪个物种。如前文所述，白桑的唯一重要性在于丝绸产业。它先抵达希腊，然后在基督教出现

"绿青"李

(*Prunus domestica*)

这是从古至今最有名的李子品种之一，也是最古老的品种之———一个法国优质甜点品种。在法国它被称为"雷内·克劳德"，是以法王弗朗索瓦一世的妻子克劳德王后的名字命名的，当它在大约 1725 年被引入英国后，被重新命名为"绿青"，以纪念将它们引入英格兰的威廉·盖奇，这个英文名字一直沿用到今天。它是最初的青李，以青李为名的大多数甜点品种一直流行到 20 世纪。"绿青"李至今仍在法国广泛栽培，并且还有许多子代品种，如"巴韦的雷内·克劳德"。

两百年前抵达罗马，所以桑葚栽培很可能在同一时期开始于地中海地区。

我们确知的是黑桑第一次被提及是在公元 1 世纪，普林尼提到它的汁水常常会弄脏手。的确，任何曾经在手里拿过这些桑葚的人都明白他的意思，你不可能避免将手弄脏，因为桑葚的表皮太薄了。（普林尼很贴心地继续说到，去除这些污渍的最好办法是使用未成熟桑葚的汁水。）罗马占领时期大体上就是桑首次从意大利引入英国的时期。英国进口的应该是树木，因为当时桑不是英国的本土植物，而柔嫩的桑葚肯定无法熬过这样漫长的旅途。

种植黑桑是为了得到它的果实，不过考虑到它虽然能够轻松地结出大量浆果，但是这些浆果却没有更多用途就不免感到可惜。这些果实看起来就像长得粗糙些的黑莓，成熟时从淡绿色变成极深的红色。不幸的是，这些浆果有两个缺点：它们的沾染能力（如上文所述），以及它们小果的尺寸：构成聚合果的小

核果太大太多，让人感觉不舒服。桑葚的沾染还造成了另一个问题，由于成熟果实是乌鸫的最爱——它们在进食和排泄之间的时间间隔很短，而对于它们的驱逐往往发生在挂满了几乎晾干的白色衣服的晾衣绳周围。

唯一在沾染能力上超过桑葚的是接骨木果，这也解释了为什么桑树作为花园树木时并不受到大众欢迎。接骨木酒已经流行了数个世纪，而桑葚的用途则相当有限。在烹饪苹果时使用桑葚来调

"寇伊金"李

（*Prunus domestica*）

右页图："寇伊金"李是最好的英国甜点李子之一，贝里圣埃德蒙德斯的杰威斯·寇伊在 1800 年培育了它。这个品种滋味浓郁，有一点杏的味道，它是为数不多的成熟后可以在果树上保持良好状况达数周之久的李子之一，而且采摘后还可以储藏一个月。

Mirabelle.

Poiteau Pinx.   De l'Imprimerie de Langlois.

味和增色颇令人眼前一亮，但必须要忍受那些小核果，所以它是一种千百年来都没有变化的少数水果之一。桑葚没有品种——只有无性繁殖出的表现更好的植株。这主要是因为它缺少商业价值，因此也缺少加以改良的需要；另一个原因是，如今种植桑树多是为了欣赏树木的美丽而不是为了桑葚，果实只能算是锦上添花罢了。桑树最重要的优点是它非常长寿。根据记录，英国有几棵树龄超过六百年的桑树——有一棵于公元 1364 年种在伦敦城德雷珀堂，到 1969 年才死亡。赫特福德郡哈特菲尔德宫还有一些非常古老的白桑，据说是国王詹姆斯一世在 17 世纪初亲手种植的。如此尊贵的树木理应因某种备受推崇的产品如丝绸而闻名，所以或许最好还是将桑葚留给蚕去吃吧。

黄香李

(*Prunus insititia*)

左页图：严格地说，黄香李指的是一类李子，而不是某个确实的品种。它和乌荆子李以及布拉斯李亲缘关系很近，但味道不同。它基本上是一种法国水果，在英国很少见（英国更常见的是乌荆子李和布拉斯李）。

第二章 核果

"肯特毕加罗" 甜樱桃

(*Prunus avium*)

又称"毕加罗肯特"、"贝格罗"或"大箭头"，
商业种植者常常把这个樱桃品种叫作"琥珀
心"或"琥珀"。虽然最初来自意大利，但
"毕加罗肯特"在 20 世纪中很受英国种植者
的欢迎。

"佛罗伦萨" 甜樱桃

(*Prunus avium*)

右图："佛罗伦萨"是又一个各方描述相差很大
的品种。不过所有的记述都说它是在 19 世纪初
从意大利的佛罗伦萨和皮斯托亚地区来到英格
兰（埃塞克斯郡）的。布利斯在《果树种植商指
南》（1825 年）中说，在英国种植这个品种时，
如果将果树在向阳墙壁上扇形整枝的话，产量会
更高，果实也更大。

Royale ordinaire.

"罗克蒙特美人"甜樱桃

（*Prunus avium*）

左页图："罗克蒙特美人"曾被称作"大毕加罗"，还有包括"鸽子心"在内的其他别名。很久之前对品种的命名导致了许多混乱，因为在17世纪还有一个李子品种叫"鸽子心"，种植在凡尔赛宫国王的菜园里。

"普通皇家"甜樱桃

（*Prunus avium*）

根据常识，我们通常会认为"普通皇家"和"皇家"是同一个品种。然而，"皇家"其实和"晚熟皇家"以及"公爵"是同物异名的品种。后来又发现"公爵"和"杰弗里公爵"是同一个品种。18世纪末的水果品种命名就是这么混乱。

"莫雷洛"酸樱桃

（ *Prunus cerasus* ）

除了甜樱桃之外，酸樱桃也是我们
今天的栽培樱桃起源的两个物种之
一。这种标准酸樱桃至少从公元
1629 年就开始种植，并且是极少数
整枝在北向墙壁上仍能令人满意地
生长的水果之一。由于不是一个甜
点品种，"莫雷洛"并不需要阳光使
它成熟。

"五月公爵"甜樱桃

（ *Prunus avium* ）

右页图：一般认为这个品种和"早熟英格兰樱桃"相同，然而布利斯并没有
提到这点。他倒是说如果将这个品种扇形整枝在一面温暖的向阳墙壁上，它
的果期可以早至 6 月初，而且布利斯认为它是英国最好的甜樱桃之一，味道很
棒。"早熟皇家樱桃"是"五月公爵"的另一个别名，这说明想要确定一种在
许多国家种植的水果的身份有多么困难。这个名字是在 18 世纪中期它从英格
兰引入法国之后得到的。不幸的是，它真正的起源尚不确定，"May Duke"甚
至有可能是"梅多克"讹变而成的，后者是它最初起源的法国地区的名字。

"早熟里弗斯"甜樱桃

(*Prunus avium*)

赫特福德郡索布里吉沃思著名的里弗斯苗圃培育过许多樱桃品种，1872 年引入市场的"早熟里弗斯"是其中最著名的一个。它在一百年里都是肯特郡以及其他地方最常见的早熟甜樱桃。然而果树的巨大尺寸以及不规律的产量最终导致它逐渐消失。

"滑铁卢"甜樱桃

(*Prunus avium*)

左页图：它大概是味道最好的黑色甜樱桃，作为托马斯·安德鲁·奈特的又一杰作，"滑铁卢"之所以得到这样的命名，是因为它在 1815 年首次结果时滑铁卢战役才刚刚过去几周。虽然它可能是所有樱桃中最美味的，但不幸的是它对于大规模商业种植已经不再足够可靠了。

"红玛格达莱妮"桃

（ *Prunus persica* ）

桃是一种非常古老的水果。它源自中国，而不是像其拉丁名种加词 *"persica"* 暗示的那样来自波斯。因此"红玛格达莱妮"是古老家族的一个古老成员，德拉昆汀耶曾经推荐过一个品种叫作"玛德莱娜红"。它的另一个名字是"库尔松的玛德莱娜"，库尔松是巴黎西南边的一个城堡和村庄。

"大贵族"桃

（ *Prunus persica* ）

右页图：拥有法语名字的桃很容易被人认为来自法国。但"大贵族"（或者简称为"贵族"）实际上是个荷兰品种，安娜王后和乔治一世在位时期，众多参与和英国贸易的荷兰商人中的一位将它引入了英格兰。

Pavie de Pompone.

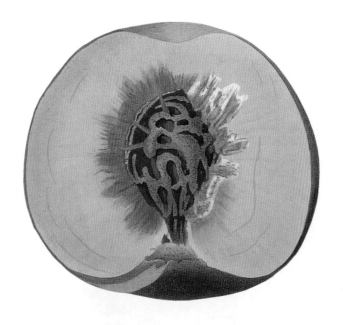

"罗桑娜"桃

(*Prunus persica*)

这是一个产量很高的品种，无论是独立生长的还是经过修整的植株都能大量结果。"罗桑娜"也是一个容易被误认为其他品种的品种，反之亦然（容易和它混淆的品种是"黄柏菲"，又称"阿尔伯奇黄"）。

"绒球柏菲"桃

(*Prunus persica*)

左页图："柏菲"是法语中某种黏核桃的名字，这个品种巨大的果实周长可达 30-35 厘米，托马斯·里弗斯的"威尔士公主"很有可能就是用它的某个果核培育出的。不幸的是，它需要阳光充足而温暖的夏天才能结出完全成熟的果实，这时果实带有葡萄酒香和麝香味，极其甜美。如果未完全成熟，果实则淡然无味，不堪食用。

"黄柏菲"桃

(*Prunus persica*)

又称"阿尔伯奇黄",它是一个在 9 月初成熟的晚熟品种。它拥有浓郁的滋味和葡萄酒香,在
比较温暖的地方可以在开阔花园里作为独立式果树良好生长。"黄柏菲"有时还会被称为"罗
桑娜",但这是误称。这两个品种名称都被让-巴蒂斯特·德拉昆汀耶单独提到过。"柏
菲"这个词被德拉昆汀耶的译者伦敦和怀斯描述为"(果肉)黏核的"。所以这是一种黄色
黏核桃。

Pêche Cardinale.

Poiteau pinx.^t
De l'Imprimerie de Langlois.
Bouqu...

"红衣主教"桃

（ *Prunus persica* ）

左页图：除了富有装饰性之外，我们并不是很清楚这种桃子拥有的其他价值。福赛斯和德拉昆汀耶都没有在自己的推荐品种名单中提到过"红衣主教"桃，而R. D. 布莱克摩尔（19世纪小说家，在米德尔塞克斯郡的特丁顿种植了40年的水果）根据自己在苗圃中种植梨子和桃的品种的经验，为霍格的最后一版《果树手册》进行了注解，其中有很多品种得到了极为负面的评价。例如，"斯顿普"被他描述为"毫无用处"，这个品种估计也好不到哪里去。

"维纳斯特东"桃

（ *Prunus persica* ）

这个非常古老的法国品种可追溯至1667年，18世纪种植在英国时被称为"维纳斯图东"。人们有时认为它和"晚熟嘉果"相同，但这只是误会。"维纳斯特东"（意思是"维纳斯的乳头"）的果肉拥有浓郁的滋味、入口即化的口感，还有一抹葡萄酒香。这个品种9月末才成熟，果实末端有一个非常明显的尖端。

布鲁克肖的《大英果树百科》（1812年）一书中的油桃品种

上图："克拉蒙特"；"洪默尔顿白"；"福特黑"；"热那亚"。

右页图："威玛什"；"早熟紫"；"红罗马人"；"诺斯红"；"厄尔鲁奇"；"彼得堡"。

虽然油桃的确来自中国，但我们不知道油桃最初出现的时间或地点，不过我们可以确信它是从桃树上的芽变（或突变）而来。所以，尽管在结构上并不相同，油桃只是桃树上长出的果皮无毛的桃，在植物学上它仍是桃。奇怪的是桃树至今仍然会长出结油桃的树枝，反之亦然，有时甚至有部分带毛的果实。

"厄尔鲁奇"油桃

(*Prunus persica* var. *nectarina*)

植物常常用人名来命名，而这种油桃的命名对这一习惯进行了改造。"厄尔鲁奇"（Elruge）只是培育者的名字（Gurle）颠倒过来再加上一个字母 "e"（大概是为了改善这个单词的发音）而已，不过奇怪的是 Gurle 这个名字还被记录为 "Garrle" 或 "Gourle"。不过即使是按照今天的标准来看，"厄尔鲁奇" 仍然是一个很好的品种。

"早熟紫"油桃

(*Prunus persica* var. *nectarina*)

右页图：这个法国品种至少可追溯至 1629 年，并被公认为是早期油桃中最好的。"早熟紫" 得到了德拉昆汀耶的高度评价，19 世纪中期对它的称赞扩散到了美国。这样一个在将近四百年的时间里备受推崇的品种如今却消失了，这不能不让人感到可惜。

The Violette hâtive Nectarine.

The Old Newington Nectarine

"老纽因顿"油桃

（ *Prunus persica* var *nectarina* ）

随着时光流逝，同一个品种会得到不同的名字。"纽因顿"指的是英格兰肯特郡的一个村庄，那里是它起源的地方，不过我们发现它还被称为"安德顿"和"壮罗马人"。

兰利的《果树》一书中的油桃品种

右页图：我们又一次看到，早在 18 世纪时就有了许多油桃品种可供选择。令人振奋和惊讶的是，当时的大型乡间别墅肯定已经有了加温温室的存在，并且使用得相当广泛。

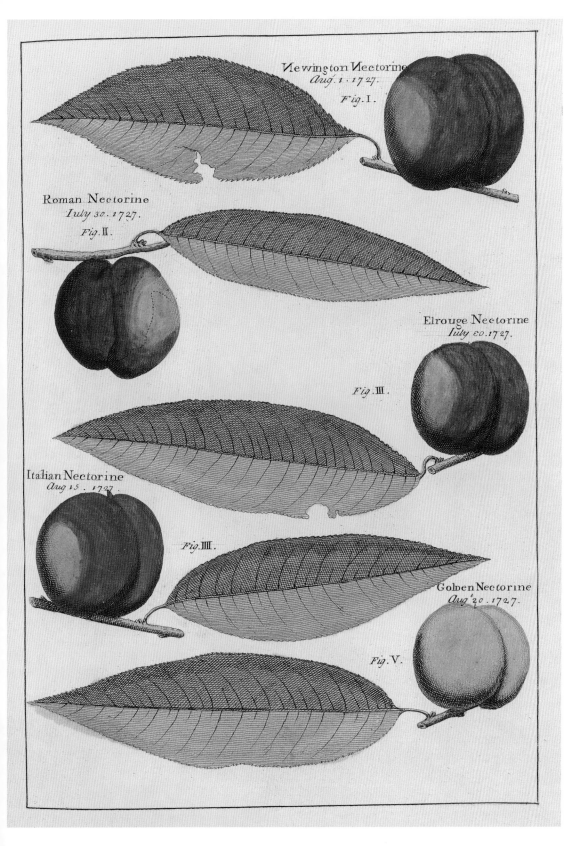

Newington Nectorine
Aug. 1. 1727.
Fig. I.

Roman Nectorine
Iuly 30. 1727.
Fig. II.

Elrouge Nectorine
Iuly 20. 1727.
Fig. III.

Italian Nectorine
Aug 15. 1727.
Fig. IIII.

Golden Nectorine
Aug. 20. 1727.
Fig. V.

"费尔柴尔德早熟"油桃

(*Prunus persica* var. *nectarina*)

托马斯·费尔柴尔德对死而复生深信不疑。这份信念是如此强烈，以至于他在遗嘱中给一家慈善学校的受托人以及肖瑞迪奇的教会委员留下 100 英镑，让他们在圣灵降临节下午举行一场布道。这场布道的主题可以是"上帝创世纪的伟大成就"或"亡者复活的确实性"。费尔柴尔德是一位苗圃商，住在伦敦的霍斯顿。

"白"油桃

(*Prunus persica* var. *nectarina*)

左页图：虽然它的名字来自果皮和果肉的颜色，但"白"仍然是一种优质油桃，并且在 19 世纪初备受推崇。事实上，它颜色极浅的外表转化成了观赏价值——和其他千篇一律的各种红色、黄色和橙色品种都不同。

"莫尔帕克"杏

（*Prunus armeniaca*）

作为英国最著名也是最广泛种植的杏，"莫尔帕克"在美国也很受欢迎。我们几乎可以确定安森勋爵是第一个在英国栽培它的人，他是于大约1760年在位于沃特福德附近自己的家摩尔公园开始种植这个品种的。据信它来自某桃杏杂交种的果核。

"南茜" 杏

(*Prunus armeniaca*)

这种桃和杏的杂交种是个怪家伙，它更像是一种猎奇玩物而不是有价值的水果品种。有些权威认为"莫尔帕克"是"南茜"的杂交后代，但豪格非常确定，虽然它们很相似，但其实一点关系也没有。

"布里达" 杏

(*Prunus armeniaca*)

右页图：这又是一种非常古老又著名的杏，但这个品种在外表和味道上都有差异（根据来源描述）。这让人相信并不是所有果树都得到了正确的命名。这种杏是从荷兰的布里达（这就是名字的来源）来到英国的，不过它最初来自北非。果实大而柔软，汁水丰富。

The Breda Apricot.

"德国" 杏

（ *Prunus armeniaca* ）

它原本的品种名是意大利语，意思是"德国的杏"，我们由此可知欧洲大陆北部也有杏栽培。所以这个品种非常耐寒，并且能在北方的温暖夏天良好地生长，不过它在温室中生长得最好，就像在英国那样。

"早熟"杏

（*Prunus armeniaca*）

左页图："早熟"和命名奇怪的"红男儿"是同物异名的
品种。帕金森在 1629 年首次提到"早熟"杏，从此以后
几乎每个果树作家都会将它收纳在自己的著作里。小而
早熟的果实（直径不超过 1.5 厘米）非常柔软、多汁和
香甜。福赛斯称它为"男子汉"，尽管二者很明显是同
一品种。

"穆什穆什"杏

（*Prunus armeniaca*）

有人认为这种杏的名字取自土耳其小镇穆什克，但另一
个竞争者是叫作米什米什的埃及绿洲，那里的居民自从
19 世纪初就开始种植这个品种。它很显然来自较温暖的
国家，较早的花期让它难以在温带地区良好生长，除非
给予保护。

"紫"杏

（ *Prunus armeniaca* ）

在描述杏品种的命名情况时，最友善的措辞是"令人困惑"。但是如果考虑到在现代育种程序出现之前，有许多品种看起来极为相似的话，这样的情况也就不让人惊讶了。所以许多幼苗和它们的亲本以及堂表兄弟都表现出了惊人的相似性。桃品种中也同样有这么混乱的情况。

"黑"杏

（ *Prunus armeniaca* ）

右页图：豪格在描述"黑"时称它无味、清淡，相当没有食用价值，倒是形容得很准确。果实小——只比李子稍大一点，向阳一面呈深紫色，别的地方发红（它的果肉都是泛红的）。不过它在花园里是很好的观赏树木。

Abricot Noir.

黑桑

（ *Morus nigra* ）

和用于饲养蚕的白桑不同，黑桑的种植主要是为了它的果实（或者更准确地说，它一般作为观赏树木种植）。它的树龄非常长——肯定能长到几百年。它在较温暖的气候下才能良好结实，不过能够很轻松地结出大量果实。虽然存世的品种名极少，但是左页的黑桑就有，叫作"弗吉尼亚桑"。

红桑

（*Morus nigra*）

红桑是美国特有的本土植物，果实曾经常常用来喂猪和家禽。它的观赏和学术价值比果实的食用价值（如果有的话）更大。

白桑

（*Morus alba*）

右页图：这是另一种得到栽培的桑树。不过它的种植主要是为了得到树叶，因为它的叶子是养蚕的饲料。白桑的果实基本没什么价值。

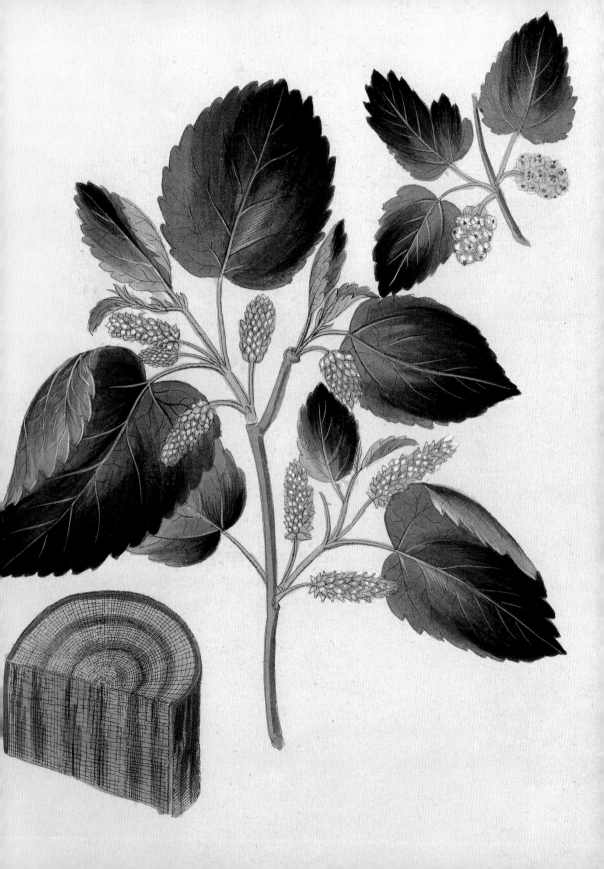

Chapter Three
Berry

第三章　浆　果

　　不幸的是，大多数人对黑醋栗灌木的第一印象是几乎无法令人忍受的雄猫气味。这种气味的主要来源是芽，而气味的强烈程度几乎会让人感到有点恶心。有些种植场专门栽培这种芽并在冬天采收，用于香水和制药工业。植物学专家们对于茶藨子属（*Ribes*）——包括黑醋栗、红醋栗和鹅莓——的正确位置争议颇大，但伦敦皇家园艺学会为它给出了一个相当清晰的地位。在他们出版的《园林植物百科全书》中，茶藨子属被归为茶藨子科（Grossulariaceae）或虎耳草科（Saxifragaceae）——这是让两个竞争者皆大欢喜的结果。

　　茶藨子属的物种开始进入栽培是相当近期的事。和其他水果不同，古希腊或古罗马都没有栽培茶藨子属植物的证据。17 世纪初，英国学者约

"白荷兰人"红醋栗

（*Ribes rubrum*（W））

左页图：这种白色红醋栗的另一个名字是"白葡萄"，尽管"白"使用得是否恰当还有待商榷。白色红醋栗一般比红色红醋栗更甜，由于它们没有颜色，所以常被用于甜点和酿酒。另外一个比较有名的品种是"白色凡尔赛"。

翰·杰拉德在作品中描述了鹅莓："顺便一提，一种，都没有刺，果实很小，比常见的种类还小得多，不过颜色红得恰到好处。""醋栗"（currant）这个词是"科林斯"（Corinth）一词的讹变，后者是一个出产"醋栗干"的希腊省份。另外醋栗干根本不是醋栗，而是一种果实很小的葡萄晒干制作的。

大多数茶藨子属物种原产于北半球温带地区，不过也有一些生长在中美洲和南美洲。醋栗和鹅莓是茶藨子属中唯一可以作为水果的物种。它们几乎全部在赤道以北栽培，主要种植在欧洲西部、中部和东部，极少出现在欧洲北端或南端。目前许多针对黑醋栗的研究会使用不同茶藨子属物种进行杂交试验，设法将有利性状引入水果品种中。例如，加州黑茶藨子（*R. bracteosum*）因果簇长度受到青睐，而红花醋栗（*R. sanguinium*）的抗蚜虫能力十分出众。威胁黑醋栗的还有一种叫作"大芽螨"的害虫，这种害虫会携带"逆转"病毒。可以通过引入那些不被害虫所攻击的鹅莓的"血液"（汁液）来对这种大芽螨进行控制。人们已经创造出了一个叫作"福克森戴尔"的新品种，它能够很好地抵抗大芽螨的侵袭。通过将芬兰品种"布罗托帕"引入育种程序，如今已经获得了更强的耐寒性，不过黑醋栗商业栽培中最大的现代化改变或许是采摘方式，传统上都是由一批女工手工采摘。她们的受雇时间常常是从 6 月的草莓采摘季开始到 10 月苹果和梨果期结束。后来机械黑醋栗采摘机的出现为采摘工的离开揭开了序幕，而年轻农场学生接受的教育中最有趣的部分也一下子消失了。

今天英国商业栽培的黑醋栗基本上全部进入了加工业，许多都变成了利宾纳之类的黑醋栗果肉饮料。鲜果市场主要依赖自助采摘、农场商店和最近发展起来的农场市场。利宾纳这样的黑醋栗饮料的最大优势在于黑醋栗富含维生素C——这种重要维生素主要来源于新鲜水果和蔬菜，能够防治坏血病。不出所料，黑醋栗最初的用途主要是医药方面。例如，黑醋栗果汁对喉咙痛有舒缓功效，黑醋栗糖至今仍是治疗喉咙痛

红醋栗

（*Ribes rubrum*（R））

右页图：蒂尔潘绘制的这幅插图的法语标题是"Groseiller à grappes"（成串红醋栗——红色水果）。这里没有给出品种名——水果常常只有物种的名字，但没有品种。只有物种出现一些变异或者得到育种的情况下，品种名才会出现并得到使用。

的流行药方。这一用途让黑醋栗得到了一个"扁桃腺炎浆果"的别名。和许多水果一样，黑醋栗在饮料（酒精性的和非酒精性的）中也有一席之地。黑醋栗汁在过去大概是在缺少桑葚的情况下（见111页），常用来为劣等的葡萄酒增添颜色和风味。通常是在发酵之后，酒里还会加入蜂蜜，让它变得更甜。除了浆果用于香水和医药制造业之外，黑醋栗的树叶在过去还常常干燥压碎后掺进茶叶里（为了降低真正茶叶的高成本）。就在不算太久之前，干燥压碎的菊苣还曾经（相当合法地）被加入到咖啡里面去过。

虽然黑醋栗没能产生任何有价值的"芽变"，但同样的话不能用在它的表亲红醋栗（*Ribes rubrum*）身上。红醋栗产生了粉色和白色变种，甚至在很久之前还有人提到过一株黄色果实的植株。不过在除了果实颜色之外的所有其他方面（包括植物学意义上的），它们都是同一种水果，当这三种果实和其他柔软水果同时出现在夏天的布丁里时看起来非常漂亮，或者只需要将它们扔在碗里当甜点吃也很不错。奇怪的是，白色红醋栗品种没有红色红醋栗那么酸。

现代红醋栗的形成经历了物种间的杂交，杂交工作有三个茶藨子属物种参与：红醋栗、茶藨子（*R. vulgare*）和石生茶藨子（*R. petraeum*）。它们全都野生于欧洲、中亚和西伯利亚以及中国。红醋栗是在英国最常见的物种，自然分布范围北至北极圈，南至苏格兰和英格兰北部。在更往南的地区野生的红醋栗都不是本地原产，而是从栽培花园中逃逸出来的（"逸生"）。红醋栗直到16世纪中期才出现在英国著作中，它们在进化中的第一个里程碑出现在1561年，著名博物学家康拉德·格斯纳在瑞士的一片树林里发现了石生茶藨子，他把这种灌木种在自己的花园里并因为浆果的尺寸受到广泛注意。这个物种在大约1620年来到英国，并（历经一百年的栽培和一定程度的遗传调整）培育出了品种"艾伯特公主"。还有两个最出众的早熟品种是"霍顿城堡"和"拉比城堡"：无论按照任何标准它们的品质都是很高的，至今仍在种植。

黑醋栗

（*Ribes nigrum*）

左页图：园丁们对黑醋栗常常是或爱或恨——恨的是公猫似的气味，爱的是可食用的美味果实。现代品种的株型比古老品种更加紧凑，这对于空间有限的花园来说很重要。

第三章　浆果

红醋栗的早期用途主要也在医药方面。除了一些别的疾病外，人们还发现它对治疗"疟疾以及高烧和呕吐"很有好处。在 16 世纪及相近时期，不知道到底有多少种水果因为对身体内部的舒缓作用受到重视。我们只能猜测人们曾经遭受的痛楚，因为"舒缓腹部"是红醋栗的又一项功能。不出所料的是，醋栗还经常用作酿酒的原材料。遗憾的是，除了今天我们所知的用途外，红醋栗和白醋栗好像没有过其他用法，最流行的做法还是红醋栗果冻和夏日布丁。红醋栗果冻无疑是烤羊羔肉的绝配，而薄荷沙司在最好的情况下也只不过是画蛇添足罢了（薄荷一般漂浮在大量醋里，常常破坏羔羊肉的味道）。

最后一种茶藨子属水果是鹅莓。它为什么会拥有"鹅莓"这个绰号还是个谜，不过就像许多其他绰号一样，孩子们很可能是背后的答案。过去的父母们在面对孩子追问婴儿的来历时，他们的答案会是"在鹅莓灌木丛的下面"。鹅莓原产于意大利北部，但并没有古希腊人和古罗马人栽培它们的证据（和醋栗一样）。事实上，在英格兰直到 1275 年才首次有人提到它们。它们在 16 世纪初再次出现，随后鹅莓植株被英格兰进口供国王亨利八世享用。这两次事件中的鹅莓都来自法国，说明法国人在果树栽培和圃事工作上都要领先英国人一大截。到 16 世纪末，鹅莓已经在英格兰得到了广泛种植。这种相对较新的水果很快涌现出了许多当地俗名，从另一个侧面印证着它的成功。在柴郡它被称为"feaberry"；在诺福克它被写作"feabes"，但发音却是"fapes"。不久之后鹅莓和醋栗植株就改从荷兰而不是法国进口，因为荷兰人得到了拥有欧洲最好苗圃技艺的声誉。

鹅莓在 17 世纪和 18 世纪的英格兰变得越来越流行，鹅莓俱乐部和社团在柴郡和兰开夏郡西北部的郡县纷纷涌现。很快，这些俱乐部和它们的会员们就开始了最重浆果的竞赛。毫无疑问，鹅莓的流行提供了一种逃避糟糕现实的方法。特别当工业革命

"示巴女王"鹅莓（*Ribes uva-crispa var. reclinatum*）

右页图：这个曾被称为"康普顿示巴女王"的品种出现在北方鹅莓俱乐部联盟的兴盛时期。和许多其他品种一样，它最初的品种名里也带有培育者的名字，但如今"康普顿"已经被省去。这有点可惜，因为这样做也带走了一段个人的历史。

"白绿"鹅莓

（ *Ribes uva-crispa* var. *reclinatum* ）

虽然德拉昆汀耶没有提到过它，但是这个古老的
鹅莓品种其实在法国种植了很长一段时间。品种
描述中的评论常常是"该品种的起源古老且未
知"。

"雷诺兹金珠"鹅莓

（ *Ribes uva-crispa* var. *reclinatum* ）

左页图：雷诺兹也是一位致力于培育新品种的私
人鹅莓爱好者，希望一枚巨大的浆果能给自己
带来一笔财富。不要犯错误，因为可以赚一大笔
钱——10 英镑在今天看起来或许微不足道，但对
于 19 世纪末的劳工来说真的很少。

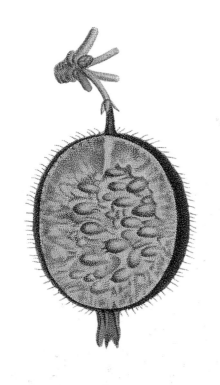

出现在如今英格兰东北部地区的盆栽韭葱栽培中。在较大的俱乐部中，获胜浆果的奖励高达 10 英镑。10 英镑在今天看起来并不多，但在当时可不是个小数目（大约为十周的薪水）。

在那个时代，兰开夏郡和柴郡培育出了许多新品种。半职业种植者和农夫们都在培育自己的幼苗并希望得到一个冠军，而且如果幼苗显露出赢得竞赛的希望，种植者就能以 1 英镑的价格出售生根扦插苗——这样的收入补贴很能帮得上忙。部分早期英国品种至今仍有种植，而其余的已经消失在岁月中。现代最伟大的鹅莓比赛冠军获得者之一英格兰麦克莱斯菲尔德的艾伯特·丁格尔在 85 岁高龄去世，他至今仍保持着鹅莓的最重纪录。它的重量超过了 56 克。

据说有一种方法可以在比赛前增加鹅莓的大小，将一碟清水放在灌木下方，使浆果末端泡在水里。然后果实就会吸收水分，重量得到相当程度的增加。这种做法的成功取决于掌握将果实

开始发挥影响力的时候，贫穷和失业在英格兰北部大片地区泛滥成灾。该地区许多劳工的小屋旁都有鹅莓灌木，人们很快就开始召开"鹅莓大奖会"，一般在当地的公共酒馆举办。果实的大小和重量是最重要的评价标准，各品种的详情和果实重量的材料后来编汇成了《曼彻斯特鹅莓书》。同样的狂热和专心致志还

"大紫"鹅莓

（*Ribes uva-crispa* var. *reclinatum*）

右页图：这种鹅莓的法语品种名翻译过来的意思是"大，紫或深红色，多毛"。这个名字很有趣，它向感兴趣的读者详细地描述了成熟浆果的样子。现代品种多以人名或地名来命名，从名字上很难看得出品种的样子。

泡在水里的时间：时间太长，浆果会开裂（甚至爆炸），参加比赛的希望和梦想也随之化为泡影。无论用于烹饪还是作为甜点水果，鹅莓至今仍很受欢迎。品种颜色有浅绿至深绿、黄色，甚至还有各种红色。在英国，它们的商业种植非常专业化，规模不大，但家庭花园中种植的数量很可能和商业生产的一样多。它们很容易种植，但就像红醋栗一样，最好和最多的果实结在侧枝上，而侧枝从较老分枝组成的半永久框架上长出来。茶藨子属内有许多种间杂种（由两个物种杂交得到）；鹅莓和醋栗都遵循这个特点。"乔思塔莓"大概是最著名的例子，它是鹅莓和黑醋栗杂交培育的。它拥有杂交种常见的超常活力，但就像许多其他杂交后代那样并没有真正的价值。鹅莓的黄金时间在 7 月，真正的甜点品种正在成熟，此时味道极好。在炎热夏夜的优质冰镇鹅莓酒会让饮用者有身临世外的感觉。卢瓦尔河谷出产的部分红酒带有一抹鹅莓口味，让人难以抗拒。

> 这是个柴郡小伙子的故事，
> 还有他光荣的一生。
> 目前他最著名的成就
> 是以自己的名字命名的创纪录鹅莓。

> 当艾伯特去世时，
> 鹅莓界一片悲痛；他没有被忘记。
> 采摘"无双鹅莓"时，
> 没人会说："谁是艾伯特？"

"红色沃灵顿"鹅莓

(*Ribes uva-crispa* var. *reclinatum*)

左页图：一般常被简称为"沃灵顿"，它是兰开夏郡棉纺厂的工人们在试图种出最重果实的努力中培育的数十个鹅莓品种之一。它依然出现在如今的种植名单上，并且可以在灌木果树上保持良好状态直到 10 月份，只要将果树整枝在北向墙壁上生长。

当天上的那位伟大园丁

说"艾伯特，你的时候到了"，

地上凡是有园丁的地方，

都有眼泪为艾伯特·丁格尔流淌。

这段颂词短而平常，

艾伯特没有白白离开人世。

他不会躺在发霉的地狱，

而是在幽谷深林中寻到了真正的宁静。

乔伊·哈里斯

蓝莓和美国的关系最紧密。5 月的最后一周至 7 月末是美国出产新鲜蓝莓的时间，它们经常被用来做松饼、派甚至果冻。在美国内战期间（1861–1865 年），士兵们会饮用含有蓝莓的饮料，让劳累一天后筋疲力尽的身体恢复体力。美洲土著也会使用这种水果改良干肉饼（干制瘦肉食品；捣烂后混合肥肉）的味道。

蓝莓的植物学名是 *Vaccinium corymbosum*，属于杜鹃花科（Ericaceae）。在很多年之前，南高丛越橘（*V. australe*）的表现更好，但这两个物种后来进行了杂交，如今的大部分种类和品种都是用它们的后代培育出来的。这两个物种都来自美国东部沿海地

"威尔莫特早熟红"鹅莓

（ *Ribes uva-crispa* var. *reclinatum* ）

右页图：如果只凭约翰·威尔莫特先生频频出现的名字去判断，他（米德尔塞克斯艾斯勒沃斯人）应该是 19 世纪早期培育水果新品种的英国权威人物。不过，他培育该品种好像只是因为一味追求尺寸的竞赛，因为这种鹅莓虽大，但果实品质只能算二流。

Airelle Myrtille.

Turpin Pinx.   De l'Imprimerie de Langlois.   Bouge

蓝莓

（*Vaccinium corymbosum*）

左页图：蓝莓原产于美国南部，而且欧洲出售的几乎所有蓝莓都来自那里。这是因为这是一个相对较小的市场，而美国南部可以很经济地供应大量蓝莓。种植蓝莓的主要需求是湿润的土地和很低的pH值（即强酸性）——在别的地方找不到满足这些条件并且足够大的区域。

欧洲越橘

（*Vaccinium myrtillus*）

欧洲越橘和蓝莓之间的主要区别是灌丛大小，欧洲越橘要小得多，而且植株是更纯正的灌丛型，株高 15-45 厘米，而蓝莓株高 1.2-3.6 米。欧洲越橘的浆果也相当小。不过它们喜欢相同的生长条件——强酸性土壤。

区。灌木果树在种植后两年内不应该让它们结果，这样可以给果树的发展成型留出时间，以后才能大量结果。蓝莓的另一个优点是它的花——和许多其他果树一样，它们非常漂亮，而且会让人想起马醉木属（*Pieris*）的灌木。

蓝莓是喜酸植物，必须生活在pH值为4.0-5.0的强酸性土壤中（这种土壤一般要么是泥炭沼地，要么沙质程度很大）。此外土壤还必须保持湿润。很少有地方能拥有这种类型的土壤，所以蓝莓的商业栽培是非常专门化的行业。美国东部特别是东南部拥有满足这些条件的地区，该地区供应了美国和欧洲市场的大部分蓝莓。在英国，有一家设立在多塞特郡的公司种植蓝莓，而德国北部也有一块适宜的地区，就在吕讷堡灌丛。在美国，大部分和蓝莓产业有关的研究都由位于密西西比州波普拉维尔的农业研究服务小型水果研究站进行，自从1970年代这里就开始了一项育种项目。该地区的商业种植者们栽培两种类型的蓝莓——兔眼型和南高丛型，后者结实稍早。兔眼蓝莓更苗壮，原产于美国南部，对不同土壤的适应能力更强。它还比较耐旱，果实储存时间长。美国的栽培品种和欧洲的不同，但亲缘关系很紧密。"欧洲蓝莓"指的是欧洲越橘（*V. myrtillus*）。

在越橘属（*Vaccinium*）的众多物种中（至少五十个），甚至有几种独特的蔓越橘（不过它们和其余物种的不同之处并不明了），包括山蔓越橘（*V. vitis-ideae*）。除了蓝莓之外，成千上万亩的美国贫瘠酸性土地上还覆盖着这些浆果。它们被用来制作派、果酱、沙司、蜜饯，还有许多被做成了罐头。和有些属，如悬钩子属（*Rubus*）、柑橘属（*Citrus*）和茶藨子属相似的是，越橘属内的亚属和物种之间很容易杂交并且发生得非常频繁，以至于一位著名美国植物学家在描述它们的分类时（几乎是轻描淡写的）曾这样说："困难，矛盾并令人困惑。"

作为种植在花园中的水果，覆盆子和草莓的受欢迎程度大概不相伯仲。它们占

黑莓

（*Rubus fruticosus*）

左页图：黑莓是分布最广泛的野生果树之一，可见于全球各地的乡间田野。美国已经进行了大量育种工作，不过结果并不总是对从前或现有品种的改进。大小和外观在有段时间里被认为是最重要的指标，即使果实本身淡然无味。

第三章　浆果

用的空间相对较小，容易种植，并能从 7 月初（甚至 6 月末）至 11 月提供从植株上直接采摘的新鲜果实。覆盆子（*Rubus idaeus*）原产于大多数欧洲国家和亚洲温带地区。和许多其他水果一样，它也是蔷薇科植物，常见于疏林和其他荫凉区域，在那里它们主要在地表生长的根系可以保持凉爽。覆盆子还生长在沼泽地甚至是白垩高地上，那里的表层土都是腐败植被多年积累而成，酸性很强。野生覆盆子生长在小亚细亚，特别是在艾达山上，它学名的种加词"*idaeus*"就是由此而来。根据希腊神话，覆盆子最初是白色的，直到精灵艾达在为婴儿时的朱庇特采摘浆果时被刺破了手指。从此以后，覆盆子就被她的血染成了红色。就像其他水果一样，它的名字并不总是"raspberry"——16 世纪的英国学者约翰·杰拉德叫它"raspis"或"hindberry"。在苏格兰，它们总是被叫作"rasps"。这可能只是缩读，不过"rasp"[1] 很显然指的是当时所有品种都有的多刺枝条。无刺品种是现代培育出来的，直到 1950 年代才出现。

覆盆子的种子（说明果实作为食物的用途）曾被发现于青铜时代早期的人类定居点遗址中。就像许多别的水果，它们也得到了古希腊人和古罗马人的种植和使用，不过更多是用于医药而不是食物。当时的人们认为覆盆子可以有效治疗"肠胃不适"和"高烧"等疾患。覆盆子酒自从中世纪以来就是一种广受喜爱的饮料，这主要是因为"它有很多好处"——这是个语焉不详的描述。和桑葚以及黑醋栗一样，覆盆子也常常添加到其他饮料里改善它们的外观。

16 世纪时只有一种覆盆子。甚至到了 18 世纪初期，还只有自然存在的物种——一个白色变种和称作"大红"的种类。直到 19 世纪才有较丰富的品种种类，到 20 世纪时品种数量已经超过了三十个。20 世纪中期见证了一系列全新英国覆盆子品种的问世。第一批是"茂林"系列品种（以肯特郡东茂林研究站命名，那里也是培育它们的

黑莓

（*Rubus fruticosus*）

右页图：黑莓存在的证据可追溯至最近的两次冰期之间。古罗马人在占领英国期间吃掉了大量黑莓。医药、酒精饮料和葡萄酒添加剂貌似是这种水果曾经的主要用途，不过如今黑莓主要用在各种各样的布丁里。

1　译注：原意是锉刀。

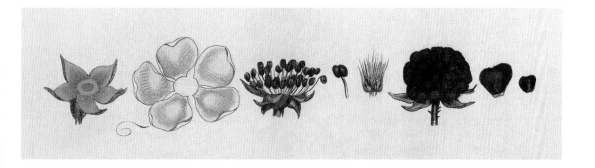

地方），如"茂林珠宝"、"茂林希望"、"茂林狮子"、"茂林乐事"、"茂林上将"和"茂林欢乐"。在育种程序中对老品种进行调查以找出有利性状，并引入全新的悬钩子属物种。后来覆盆子的研究中心从东茂林迁移到了苏格兰作物研究所。今天英国覆盆子商业生产的主要地区位于苏格兰邓迪北部，那里气候适宜，危害覆盆子的害虫也很少。从这里走出了"格伦"系列品种，第一个问世的是"格伦克洛瓦"，首个能够持续多年早熟的优良品种。然后是首批投入市场的优质无刺品种："格伦莫伊"和"格伦普罗森"。后继品种纷至沓来，最后两个是"格伦安普尔"和"格伦麦格纳"。

在这一时期，随着秋果品种的引入，覆盆子的育种工作取得了重大突破。当时已经有多次结果的覆盆子，但它们的缺点还不足以被优点弥补。新的秋果品种品质优良，并将鲜果季从 8 月延长至 11 月第一次降霜。现代覆盆子育种的主要目的和所有其他水果都一样——美妙的味道、对病虫害的抗性、无刺以及远远伸出枝条的果实（利于采摘）。常见的夏果品种和秋果品种之间的区别很简单：夏果品种第一年生长枝

黑莓

（*Rubus fruticosus*）

上图及左页图：北美和欧洲是野生黑莓的主要自然分布区，黑莓作为半栽培水果的历史比覆盆子长得多。两个特点推迟了它进入花园——首先是它尖利的刺，其次对于这种田野和绿篱随处可见的植物来说，引入栽培好像没有什么意义。

美国悬钩子

（*Rubus canadensis*）

美国悬钩子就像是株型更峭立的黑莓。它是落叶灌木，枝条可达 2.4 米高，几乎完全无刺。秋季结果，果实黑色多汁（但是很酸）。

欧洲悬钩子

（*Rubus caesius*）

右页图：生长在英国的悬钩子无疑和黑莓的亲缘关系较远。它的蓝色枝条细而多刺，俯卧生长在荒地和路边的草丛和其他植被中。果实小，由数量较少但尺寸较大的蓝灰色小核果组成。

条，第二年结果；秋果品种的枝条在第一年同时完成生长、开花和结果。对于夏果品种，应该在采摘后立即将结果枝砍掉，但对于秋果品种应该将结果枝保留至第二年春天。如果将二者弄混将导致灾难性的后果。

在美国，最初的覆盆子品种并非来自欧洲，而是来自有野生覆盆子生长的当地树林和荒野。不过，到 18 世纪末时覆盆子已经从欧洲来到美国，当时的欧洲正在出现得到命名的品种。美国本土和欧洲进口的两大覆盆子"家族"开始杂交，从它们的后代中涌现出了现代美国品种，如"米克"和"蒙吉尔"。对覆盆子的叙述如果少了北美的黑覆盆子（*R. occidentalis*）就称不上完整。虽然它的黑色果实其貌不扬，但它拥有别的几种有利性状，可以通过杂交转移到红色品种中。该物种在育种计划中已经使用多年，枝条高达 2.75 米，但是上面长满了尖刺。营养繁殖的方法是茎尖压条，和繁殖黑莓一样，果实可以长到很大，产量高。"黑色"品种至今仍在种植，并广泛用于罐头和果酱产业，但在鲜果市场上几乎无迹可寻。

在过去，许多种植者会将覆盆子和草莓栽培在一起，但是在覆盆子丰产的年份，草莓并不一定会有好收成。于是，罐头工厂有时会面临覆盆子太多而草莓不足的问题。他们想出了个聪明的办法——缺少多少罐草莓，就会有多少罐覆盆子被"意外地"打上草莓的标签。但是只有千分之一的顾客对此有所抱怨。大部分人对于和标签不同的水果非常满意——这倒是和消费者反应有关的经验。这是四十年前的事情，现在如果缺少原料都会用进口草莓补充。采摘工人是又一个已经消失的旧时代现象，如今他们已经被机械采摘机取代。在那个时代，采摘工是按照摘果重量计酬的。如果覆盆子要用于加工，果实的品质就没那么重要，因为它们会被打成果浆。在采摘用于加工的覆盆子时，摘下的果实会被放进桶里，而为了在桶里装更多果实，采摘工会将这

"威尔莫特"草莓

（*Fragaria*）

左页图："威尔莫特"草莓的历史可追溯至大约 1825 年。由约翰·威尔莫特在位于米德尔塞克斯艾斯勒沃斯的自己的果园里大规模种植，即使按照当代标准，它也是个果实较大的优良品种。不过它没能适应美国的环境——它无法承受夏季高温和冬季寒冷。

　　　　　　　　　第三章　浆果

些浆果搅拌成果浆。然而，由于液体比覆盆子重，我们不知道是否有"外来"液体和覆盆子一起进入桶中——而且这种液体并不一定总是水……这足以让任何人一辈子远离覆盆子。

另一个广泛种植的悬钩子属物种是黑莓（*R. fruticosus*）。北美和欧洲是野生黑莓的主要自然分布区，它们作为半栽培水果的历史比覆盆子长得多。黑莓的考古证据可追溯至最近的两次冰期之间，而且古罗马人在占领英国时代也食用黑莓。医药和酒精饮料貌似是这种水果的主要用处，但这些古老用途在今天已难觅踪迹。黑莓如今的用途是各种各样所能想象的布丁以及作为甜点食用的鲜果。

黑莓的早期历史和覆盆子的模式相似，不过黑莓的两个特点推迟了它进入花园的时间。第一个特点是它的刺；第二个是它大量地自然生长在田野和绿篱中，人工栽培显得很没有必要。而且许多原种和杂交种已经拥有很高的品质，进一步的杂交育种也不太必要。最近美国展开了大量育种工作，得到了许多新的黑莓品种。但并不是所有新品种都是对从前或现有品种的改进，而且有一段时期大小和外观被视为重中之重。例如，"黑缎"是最漂亮的黑莓品种，但吃起来淡然无味。相比之下，"沃尔多"拥有很好的味道和不到三米长的枝条。

大自然有时候总爱耍些把戏，比如将极好的滋味赋予最令人难以接受的品种。例如，"幻想曲"和"喜马拉雅巨人"都会长出4.5-6米长的枝条，上面密密麻麻地长满了刺，好像铁丝网一般。在现代，最有趣的一种黑莓拥有重瓣花。它并不是真正的黑莓，而是"雏菊花"榆叶黑莓（*R. ulmifolius*）。有趣的是，和大多数开重瓣花的植物不结果不同，它能够结果，但还是无法完全逃脱这一规律，果实小而黑，不堪食用。在1930年代，朗阿什顿研究站（布里斯托尔附近）进行了一项研究工作，想要找出英国最美味的野生黑莓。候选植物来自全英各地，而且幸运的是，最终的胜利者在第二次世界大战爆发之前被选拔了出来。它挺过了战争岁月，并在战后被命名为"阿什顿十字"。它至今仍在种植，而且味道也许是所有黑莓中最好的。

种间杂种在野外并不稀有，栽培中更是常见。在悬钩子属内，杂交种数量非常多。职业和业余植物育种者都获得了数目庞杂的杂交后代，它们的品质参差不齐。传统上，罗甘莓被认为是首次"成功"，它在1881年问世于加利福尼亚州圣克鲁斯市贾

无名草莓

（*Fragaria*）

18 世纪前半叶和 20 世纪后半叶是草莓育种的两段兴盛时期。前一个时期正好在南美洲和北美洲发现果实更大的草莓种类之后，正是这些种类培育出了果实较大的夏果草莓。后一时期开始于第二次世界大战之后，这段时期的育种大大提升了草莓的品质，我们今天仍在享受这些育种成果。

奇·洛根的花园中。今天仍有许多人认为它是土生土长的美国黑莓（*R. vitifolius*）的栽培类型。还有人认为它是这个物种的芽变，变异让它得到了更大、更红和更加甘甜的果实。无论事实到底怎样，罗甘莓迅速流行起来，到 1900 年时它已经跨越大西洋，在欧洲受到了同样程度的喜爱。它容易种植、产量高，其独特的味道受到普遍欢迎。很快它就在大西洋两岸的商业苗圃和家庭花园里遍地开花。然而，罗甘莓这种水果与覆盆子和黑莓有个重要的不同之处，它很适合用于果酱、烹饪和其他形式的加工，但不适合用作甜点生食。除非完全熟透，否则果实的口感过于锐利，许多黑莓也有这个问题，只是程度较轻。然而成熟果实太过柔软脆弱，不能忍受运输颠簸，所以必须在未成熟时采摘。虽然并不能完全耐受欧洲北部冬季的寒冷，但在品测小组成员面前，罗甘莓仍然取得了胜利。

在 1930 和 1940 年代，人们发现许多植株染上了病害并使得产量大大降低，种植杂交种的兴趣高涨起来。虽然病毒在后来被清除，但人们仍然需要一些崭新的品种。在 1950 和 1960 年代，苏格兰作物研究所的工作使用了之前的育种工作从未涉及的悬钩子属物种，包括粉绿悬钩子（*R. glaucus*）、小花悬钩子（*R. parviflorus*）和北方悬钩子（*R. ursinus*）的第一个（也是最重要的）后代——1977 年问世的泰莓。突然之间，杂交茎生水果的预期产量增加了一倍，而果实品质和味道都没有任何下降。而且和罗甘莓不同，泰莓在整个英国都能耐受冬季寒冷。

最后我们要说一说草莓。在夏季出产的草莓大概是最重要的柔软水果，而且无疑是遗传历史最复杂的水果。作为富产水果的蔷薇科的又一个成员，它们在南北半球均有原生分布。不过，现代草莓品种并不源自任何一个地方，因为我们今天所熟悉的品种是来自世界不同地区的数个物种聚集到一起才创造出来的。我们所能找到的最近的

智利草莓

（*Fragaria chiloensis*）

左页图：和弗州草莓一起，在改善旧世界草莓品种的尺寸并让它们符合今天的期望标准方面，智利草莓做出的贡献比任何其他物种都要大。欧洲草莓是果实小的野生物种，主要来源于野草莓及其亚种。智利草莓的唯一缺点在于它的植株要么是雄性要么是雌性——并不像大多数其他草莓那样是雌雄同株植物。

起点是产自智利的智利草莓（*Fragaria chiloensis*），它发挥的作用应该比任何其他种类都大，不过有些专家喜欢分布最广泛的物种野草莓（*F. vesca*）。后者被称为"森林草莓"，分布在从欧洲北部到阿尔卑斯山的温带地区。它小而芳香的果实被采集用作食物的历史已经有千百年，许多人都将它视为真正的野生草莓。

草莓的历史可以追溯至古罗马时期，它曾先后出现在维尔吉尔、奥维德和普林尼的作品中。这种水果在当时是因其药用价值而不是烹饪价值受到重视。到中世纪时，法国人已经开始将野草莓移植到他们的花园里，不单是为了食用，也为了观赏。英国人也随即采取了行动，到15世纪末时草莓已经在英国站稳脚跟。在莎士比亚的《理查三世》（1597年）中，这位国王向伊里主教提出了这样的请求："上次在霍尔本的时候，我在您的花园里看到了很好的草莓，我恳切地请求您给我送一些过来。"这段文字说明这位主教种植草莓取得的成功足以吸引15世纪末（这些故事真实发生的时代）作家们的注意力。

彼得·崔里斯1526年出版的《大本草志》中也提到了草莓，并强调了它的医药价值。尽管草莓的种植越来越流行，但标准流程仍然是从野外移植。这些移栽植株会在接下来的一或两年供应果实，然后就被丢弃。最终野草莓也仅仅是将草莓引入栽培而已——它在这种水果的现代发展上没有发挥作用，人们种植它是因为它是人们当时能够得到的唯一一种草莓。当优良的高丛草莓（*F. elatior*）从欧洲大陆来到英国后，它很快就成为万众瞩目的焦点。

现代草莓的历史真正开始于美洲殖民之后的17世纪。弗州草莓（*F. virginiana*）于大约1624年在欧洲首次得到记录。虽然和野草莓相比，它在果实大小和颜色上有了巨

单叶草莓

（*Fragaria vesca monophylla*）

右页图：这种单叶草莓［在这里被普瓦托称为"fraise à une feuille"（意思是"单叶的草莓"）］和其他大多数草莓的区别在于，它的叶片只有一枚小叶，而通常情况下草莓的叶片都由三枚小叶组成。它不是阿尔卑斯草莓，而是果实较小的野草莓的单叶类型，分布在整个欧洲北部，包括英国在内。

大进步，但味道并不比原先栽培的草莓更好。下一个重大发展是智利草莓进入法国。它在 1712 年被引入，正是这种草莓而不是任何其他种类，真正增加了果实大小，提升了草莓在欧洲的地位和作用。紧接着进入育种计划的是草莓（*F. ananassa*），它是大多数现代品种的祖先。

下一个目标是超越果期短的夏果品种（智利草莓）和果期长但果实小的阿尔卑斯草莓，并且保留智利品种较大的果实和其他优点。不幸的是，虽然阿尔卑斯和智利品种之间可以杂交，但得到的种子是不育的。然后，在 19 世纪末的法国，索恩河畔沙隆舍诺韦斯的教区牧师蒂沃莱神父完成了不可能完成的任务。也许是在外来花粉的帮助下，他培育出了"圣约瑟夫"，这是一个大果草莓品种，可连续多次开花（这意味着植株可从大约仲夏到秋季变寒冷为止不断结果）。"圣约瑟夫"表现出色，随后的多次结果品种被称为"多季"或"秋果"（更常见）品种。不过，要想让秋季结果取得成功，必须不断摘除花朵一直到 5 月末。如果不这样做，植株会在一年中的早期消耗过大，秋天只能结少量果实。

另外一位法国人揭开了草莓的遗传特性。现代草莓之父安托万·尼古拉斯·杜谢恩出生于 1747 年，他在 17 岁的时候就出版了一本植物学手册。在第二年，他注意到并不是所有草莓植株都是雌雄同体的——有些草莓的植株要么开雄花，要么开雌花，从不会在一棵植株上同时开两种花：它们是雌雄异株植物，而智利草莓就是其中之一。在 19 世纪早期的英格兰，迈克尔·基恩不知疲倦地进行着智利草莓和弗州草莓的杂交工作。作为一名来自米德尔塞克斯的园丁，他的努力给我们带来了"基恩帝王"和"基恩幼苗"，这两个品种都好极了。大约与此同时，还是在英格兰，园艺学家托马斯·安德鲁·奈特培育出了"唐顿"、"埃尔顿凤梨"和"埃尔顿幼苗"，而在美国

"唐顿"草莓

（ *Fragaria virginiana* × *Fragaria chiloensis* ）

左页图："唐顿"草莓是多产的植物育种家托马斯·安德鲁·奈特在赫里福德郡的唐顿城堡培育的。他培育的数个品种对处于萌芽期的英国草莓产业做出了重要贡献。"唐顿"草莓的确切亲本不能确定，但它最有可能是弗州草莓和智利草莓的杂交后代。

草莓育种的主要先驱是尼古拉斯·朗沃斯和查尔斯·M. 霍维。"丰产朗沃斯"在 1857 年引入市场后风光一时，但过了一些年"霍维幼苗"就问世了，并迅速抢占了前者的风头。这些育种家都有属于自己的荣耀岁月。

"蒙特勒里尔"草莓

（*Fragaria vesca*）

右页图："蒙特勒里尔"草莓是野草莓的一个很古老的法国品系。在草莓栽培的早期阶段，欧洲人还不知道这世界上有夏季结果的美洲大果物种，所以花园中只种植着两个类型的野草莓，即野草莓和阿尔卑斯野草莓（*F. vesca semperflorens*）。这两种草莓的优点在于它们可以多季结果，而不是只在夏天结果。

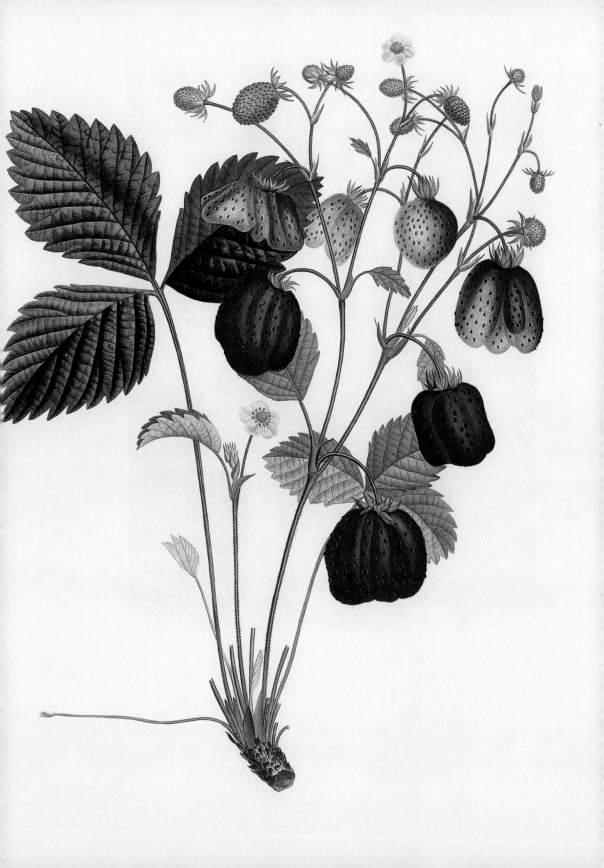

布鲁克肖《大英果树百科》一书中的草莓品种

"双簧管"（上图，左上角起顺时针）；"红辣椒"（亦见于右页图）；"红肉凤梨"；"红阿尔卑斯"。它们大多数都对现代草莓的发展有所贡献。现在还有几个"凤梨"品种：它们有一抹菠萝的味道。而在问世50年后，"剑桥晚熟凤梨"仍然赢得了品测成员小组的青睐。它是一个特别好的花园品种。

Fraisier des bois.

木质草莓

（ *Fragaria silvestris* ）

在法国，它常常被称为 "Frasier des Bois" 或 "Fraise du Bois"
（都是木质草莓的意思）。这是一种分布于欧洲大陆和不
列颠群岛的小果野生草莓。阿尔卑斯草莓是野草莓的亚
种四季野草莓（ *F. vesca semperflorens* ）。它们在现代大果
草莓的进化中没有发挥比较大的作用，现代草莓几乎完
全是通过智利草莓和弗州草莓培育出来的。

"巴斯红" 弗州草莓

（ *Fragaria virginiana* ）

右页图：除了威廉·胡克绘制的这幅精美插图（1817 年）
之外，我们很难找到和这个品种有关的任何可靠信息，
因为这个名字好像已经弃之不用了。但它最有可能是弗
州草莓的一个英国品种，18 世纪中期最先栽培于英格兰
巴斯，还常被称为 "双红"。

The Bath Scarlet Strawberry.

"基恩幼苗"草莓

（*Fragaria*）

在草莓的世界，"基恩幼苗"无疑是现代草莓的两三个祖先品种之一。由"基恩帝王"培育而来的它是许多其他优质品种的亲本之一。在 1827 年的《园丁杂志》中，"基恩幼苗"草莓和果实硕大的"威尔莫特"草莓一起被认为"从根本上改变了草莓作为一种甜点水果的地位，使之成为能与杏和桃比肩的水果"。

"威尔莫特鸡冠花"草莓

（*Fragaria*）

右页图：这是约翰·威尔莫特在 1824 年培育出的又一个品种，使用了他的竞争者迈克尔·基恩的"帝王"进行杂交。草莓育种中的两个伟大的名字就这样走到了一起。"鸡冠花"的名号来源于果实表面独特的突起。它真正的名字有可能是"威尔莫特红鸡冠花"。这些词语的拼写和组合不止一种，但指的都是同一品种。

"巴尼特"覆盆子

（*Rubus idaeus*）

　　"巴尼特"这个名字是它的培育者，伦敦外巴尼特的康沃尔先生起的。它的其他名字还包括"康沃尔丰产"和"康沃尔幼苗"。它的味道无法和"红安特卫普"相提并论，但果实更大并且藤条也更多。在被培育出来一百多年后，这两个品种在20世纪初都还仍有种植。

覆盆子

（*Rubus idaeus*）

　　右页图：覆盆子原产于大不列颠、欧洲和世界上许多其他温带地区。那些有覆盆子自然生长的国家直到最近才注意到它们，并开始培育经过改良的新品种。由于对特定种类和类型的偏好，每个国家的培育情况都不同。例如，法国培育的秋果（多季结果）品种比夏果品种多，而美国培育出了更多夏果品种。

"黄安特卫普"覆盆子和"红安特卫普"覆盆子

（ *Rubus idaeus* ）

"黄安特卫普"（上图）和"红安特卫普"（左页图）其实是同一种覆盆子；还有另外一个更甜的种类——"甜黄安特卫普"。同一种水果常常得到不同的命名，这常常是因为两个人在不知情的情况下分别培育出了几乎相同的幼苗。还有时候，会有两个人同时观察到由于突变导致的轻微颜色差异——突变并不像看上去那样罕见，因为既然一棵植株能长出特定的芽变，有谁能阻止别的植株这样做呢？第三种可能性是某个园丁偷来一株新植株，宣称它是自己培育的品种然后为其命名。"红安特卫普"在 1812 年就肯定存在了，但它和比利时没有任何关系——之所以如此命名，是因为果实大小与"白安特卫普"相似。它的味道很好，果期长。

"红安特卫普"覆盆子和"白安特卫普"覆盆子

（*Rubus idaeus*）

栽培覆盆子在 20 世纪下半叶的进化历程比它之前所有进化之路的总和还要长。虽然早在 1930 年代就开始了改良当时品种的工作，但直到 1950 年代才得到新品种。植株外表和生理学的方方面面都得到了透彻的研究，所以到 20 世纪末时，抗病虫害、枝条无刺以及秋季结果的品种都已经很常见了。（上图："红安特卫普"覆盆子；右图："白安特卫普"覆盆子）

西洋接骨木果

（*Sambucus nigra*）

接骨木原产于北美［加拿大接骨木（*S. canadensis*）］和欧洲（西洋接骨木），其果实主要用于制作
果汁和蜜饯。不过接骨木酒也受到一定程度的喜爱。传统上人们几乎不培育品种，因为它在野外
已经生长得很好了，不过为了商业加工已经有少数更优良的品种被培育了出来——来自维也纳的
"哈施伯格"是主要的欧洲品种。

桃金娘

（*Myrtus communis*）

左页图：虽然桃金娘肯定可以结出浆果，但它们特殊的味道需要让大多数园丁改造一下自己的口味
才能喜欢上它。浆果通常呈黑紫色，不过也有一个结白色浆果的品系，以及一个叶片斑驳的种类。

蔓越橘

（*Vaccinium oxycoccos*）

在越橘属数量众多的物种（至少50个）中，甚至有几种不同的蔓越橘。山蔓越橘（*Vaccinium vitis idaea*，上图）是一种常绿灌木，株高仅有30厘米。它拥有蔓生的茎和向茎上扩散生长的根系，果实小，呈深红色，可食用。浆果用于制作派、果馅饼、沙司和蜜饯，还有大量浆果被制成罐头。越橘属的不同亚属和物种（和茶藨子属、柑橘属和悬钩子属一样）之间很容易杂交，这让它们的分类变得极其复杂，有时甚至会得出完全矛盾的结论。

Chapter Four

Exotic

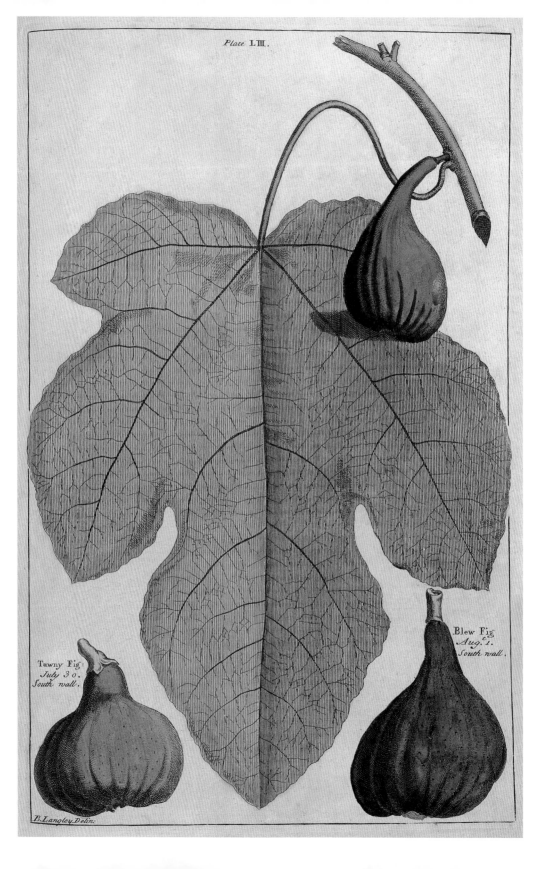

Plate LIII.

Tawny Fig:
July 30.
South wall.

Blew Fig:
Aug.t 1.
South wall.

B. Langley Delin:

第四章 杂 果

和桑树一样，无花果也是庞大复杂的桑科植物的成员之一。虽然现在和地中海地区联系密切，但无花果（*Ficus carica*）最初来自西亚和喜马拉雅地区。作为最古老的栽培水果之一，它被连续不断的文明浪潮裹挟着，迅速传播到整个已知世界。《圣经》中提到亚当和夏娃用无花果叶遮羞，佐证了无花果的悠久历史。或许是因为其在伊甸园中起到的作用，无花果叶在历史上一直被视作庄重和谦虚的象征，无数男人和女人的雕像都装饰着无花果叶。另一个对无花果的早期记录来自埃及，可追溯至公元前2700年，当时爆发的一场叛乱因为叛乱分子的无花果树和葡萄树被砍倒而被镇压了下去。

兰利的《果树》一书中的无花果品种

左页图：黑无花果，紫无花果，黄无花果。无花果是庞大复杂的桑科植物的成员之一，最初来自西亚和喜马拉雅地区。在三千年前，无花果就已经栽培于希腊，《圣经》中亚当和夏娃的著名故事也提到了它。然而无花果的"果"其实并不是真正的果实，而是它的花序，而且构造是完全内外翻转的，许多真正的花朵（非常小）隐藏在绿色的外表之中。无花果具有一定耐寒性，只在非常偶然的情况下才会遭受冻害。

善于航海的早期人类如腓尼基人帮助了无花果的传播——早在公元前 900 年无花果就在希腊得到栽培，塞浦路斯的栽培开始得更早。它从这里开始传遍了整个地中海地区（公元 1 世纪，百科全书式的伟大古罗马博物学家普林尼记录了 29 个品种）。公元 8 世纪，阿拉伯人对西班牙和葡萄牙的征服复兴了无花果在园艺上的重要性，16 世纪时无花果就是从这里传播到新世界的，这一次携带它们的是基督教的传教士们。所以新世界是最后一个引入无花果的地区，但这片土地热情地接纳了它们。无花果在 18 世纪中期来到加利福尼亚，将它们带到这里来的是一个法国布道团。后来种植在这里的品种被（名副其实地）命名为"布道团"。19 世纪末，美国农业部从英国皇家园艺学会位于伦敦奇斯威克的花园收集了 60 多个无花果品种的植株。这些植株被货船运到加利福尼亚，和"布道团"一起成就了这里庞大的无花果产业。

几乎可以肯定是古罗马人将无花果带到了英国，但并不清楚的是他们带过去的是植株还是干燥的果实。有一个非常古老的品种至今仍出现在专业苗圃商的供货名单上，它叫作"雷古弗"，这个名字指的是北肯特海岸一个重要的古罗马港口。它有很多别名，其中一个是"方济会"——很显然是意大利语，有趣的是它的另一个别名叫"布道团"。最后还有"黑古罗"，这个名字无疑来自法国。据说 12 世纪英国著名的殉道者坎特伯雷大主教托马斯·贝克特曾在苏塞克斯郡塔灵庄园的花园里种过无花果树。如果这个说法是真的，那他肯定是英格兰最古老的"无花果园"之一的创始人，因为在古老庄园上面盖起的几座房子的花园里还有无花果树在生长。

在欧洲北部，无花果的耐寒性正处于适应这里气候的边缘。它们在极偶然的情况下才会遭受霜冻和冰雪的伤害，就像在 1999-2000 年的那个冬天一样，当时许多地

"黑布罗焦托"无花果

（*Ficus carica*）

右页图：意大利是无花果的主要栽培国家之一，所以我们选择它来代表无花果的生长地区。实际上，无花果在至少公元前 400 年就已经和意大利产生了联系，当时有一棵无花果树生长在罗马的农神庙前。这棵不幸的树被迫被除掉了，因为它"扰乱"（据推测是弄翻）了一座雕像。

Fico Brogiotto nero

Gius. Bucherelli disegnò   Tommaso Nasi incise

方的无花果树嫩枝顶端 10 厘米的部分都被冻死了。这些树在 2000 年几乎没有结果，因为长成第二年果实的正是枝条顶端幼嫩的"小无花果"。在大多数北方温带国家，无花果的生长方式都很特别。夏天的长度或温暖程度不足以让无花果在一个生长季形成、发育和成熟，所以它们必须在两个生长季才能完成果实的生长。在第一年，微小的"小无花果"——约为火柴头大——形成于多叶枝条的末端。只有最顶端的两或三个才能安全无恙地度过冬天并在第二年的夏末或初秋发育成熟。几乎所有在第一年春天长成樱桃大小或稍大的幼嫩无花果都会在第二年春天到来之前被冻死。只有在最温暖的花园中才会有无花果存活下来并成熟，大部分都会在春天或初夏变黑并掉落。在较温暖的国家，无花果一年可以产出两次（甚至有可能三次）。

　　无花果的繁殖方式非常奇特。首先，它们其实并不是果实，而是花序，最奇怪的是它们是里外翻转的——许多真正的小花簇生在绿色的外表之内。要看到这些小花，必须将无花果剖开，而且每朵花都是单性花，要么是雄花，要么是雌花。这听起来已经很离奇了，但接下来的才更加匪夷所思。让我们想象一棵在意大利生长的无花果树，它在那里每年可以结三次果。在秋天，一种叫作榕小蜂的微型昆虫从果实钝平末端的小孔钻进半成形的无花果内部。它整个冬天都生活在那里，到春天才会爬出来，这时春天的新无花果已经出现在了树上。离开冬天的家后，榕小蜂会进入这些较小的新果实里，一旦进去，它们就在里面产卵，然后死亡。榕小蜂的卵会在无花果内部的小花开放时孵化，然后年幼的榕小蜂（覆盖着花粉）就从其中爬出。这些榕小蜂会进入其他无花果，并同时为微型小花授粉。等它们完成授粉并钻出来后，它们发现又到了秋天，天气越来越凉，所以它们明智地决定躲在无花果里，直

"费蒂费罗"无花果

(*Ficus carica*)

左页图："人文"图画特别有趣，因为画家的性格会通过绘画反映出来。很显然加莱肖家中有一棵被鸟侵袭的无花果树，他把这幅场景画了出来警示其他园丁。还要注意的是，无花果没有任何问题，只是因为成熟才开裂的。

白无花果

（*Ficus carica*）

幸运的是，我们知道"白无花果"是优良品种"白马赛"的别称，该品种又叫"白那不勒斯"。在 19 世纪，它的名声甚至远达美国，美国人发现它"在温室中的表现比'褐火鸡'（这仍然是一个受欢迎的品种）更好，但在室外则不如'褐火鸡'"。

"波尔多"无花果

（*Ficus carica*）

右页图："波尔多"是一种古老的法国无花果，不过德拉昆汀耶并未提到过它。它的果实大而长，成熟时颜色很深（几乎呈黑色）。当它纵向裂开时，说明你一直在等待的时候到了——这时候的果实吃起来最好。

Figue de Bordeaux (violette)

De l'Imprimerie de Langlois.

329.

Bocourt sculp.t

rpin pinx.t

FICUS CARICA VERDECCHIUS. Aldrov.

到来年春天。于是就这样形成了一个完整的周期。气候较冷的国家——如英国——没有榕小蜂。不过这并不重要——传粉和受精并没有必要，无花果照样会继续生长直到成熟。

无花果有许多不同的用途。不幸的是，我们第一次吃到的无花果一般是包裹在玻璃纸里面经过干燥并压制成块的果实，并且到圣诞节期间才会吃。对于这样一种高贵古老的水果，真是个令人伤心的结局。要想吃到最美味的无花果，应该到它位于地中海的故乡，等果实刚刚要从树上熟透掉下来的时候吃。如果让它们掉到地上，最成熟的果实会一下子裂开，这些是最好的。我们有时还能遇到无花果以深棕色甜味黏稠液体的形式出现，即无花果糖浆，这种奇怪形式的起源至今也没人搞清楚。无花果的药用价值自从古埃及法老时期就备受赞誉，但和品尝美味的熟无花果带来的快乐相比，实在算不上什么。

和无花果不同，猕猴桃在世界大部分地区都是相对较新的水果，而且它在最近才得到了"kiwi"这个名字。中华猕猴桃（*Actinidia chinensis*）是猕猴桃科（Actinidiaceae）的成员之一。[在1986年，它的名字被改成了美味猕猴桃（*A. deliciosa*），以便为果皮光滑和果皮带毛的种类赋予不同的物种名——果皮光滑类型的物种名仍然是中华猕猴桃（*A. chinensis*）。]猕猴桃有好几个俗名：在故乡中国，它是"猕猴桃"，而世界其他地方一开始都叫它"中国鹅莓"。猕猴桃拥有非同寻常的带毛棕色果皮，果实内部形成美丽的图案，特别赏心悦目。猕猴桃鲜绿色的果肉和成排的黑色小种子是追求美感的厨师的最爱，它的味道十分清新，令人愉悦，又不像许多其他水果那

"韦尔迪诺"无花果

（*Ficus carica verdecchius*）

左页图：很显然又是一种意大利无花果，而且并不让人吃惊的是（大多数成熟的果实是绿色的），它又是根据颜色命名的（"韦尔迪诺"的意思是"发绿的"或"浅绿的"）。虽然意大利仍然和无花果联系紧密，但令人惊讶的是，40%的现代无花果栽培发生在土耳其，而不是意大利——不过要是知道如今的土耳其曾经是罗马帝国的一部分的话，也许就没那么惊奇了。

样脆和坚韧。重要的是，一枚单果的维生素C含量相当于十个柠檬。

　　猕猴桃作为一种次要作物的历史已有大约三百年，至今仍有人从野外采摘它们，特别是在中国的湖北省。直到19世纪中期，这些果实才第一次被西方的探险家们看到。欧内斯特·威尔逊是第一个采集猕猴桃种子的人：他把这些种子带回伦敦播种，得到的植株于1909年开花。果实和种子在1906年引入新西兰，并很快成为一项主要出口商品。这时候人们觉得需要一个更适合销售的名字（于是它成了"kiwi fruit"[1]），猕猴桃植株1910年首次结果。商业生产大约开始于1930年代，人们进行了许多试验和选育。到1940年时，猕猴桃的生产已经颇具规模。在1953年，出口大潮开始；在此之前，这种水果都还主要在国内出售。到1980年代末，全世界出产的猕猴桃竟然有99%来自新西兰，而且其中95%都产自普伦蒂湾地区。

　　猕猴桃在1900年代初来到加利福尼亚。到1984年时，加州的猕猴桃种植面积已达2400公顷。有一株1935年时种下的果树到1982年还活着，年产量达180公斤。不过在1983年，意大利是全球第三大猕猴桃生产国，其中半数都出口国外。美味猕猴桃（*A. deliciosa*）的另一个重要特点是，它的植株都是单性的——不是雄树就是雌树。必须将雄树和雌树种在一起才有可能结实，一般每五棵雌树搭配一棵雄树。"海沃德"是种植最广泛的雌性品种，而"托马伊"是最流行的雄性品种。

　　有一种来自远东的猕猴桃属植物叫作软枣猕猴桃（*A. arguta*），英文名为"Tara vine"或"Kokuwa"，它的著名之处在于创造了一个雌雄同株的两性后代。这一后代在今天被称为"伊赛"。虽然果实较小且果皮光滑，但"伊赛"的耐寒性比它更

"维尔多内罗马诺"无花果

（*Ficus carica*）

右页图：这个极受欢迎的品种至今仍在种植，它的另一个名字"白亚得里亚"也许更为人熟知。它是又一种在完全成熟时——正如画面中裂开的那样——令人垂涎欲滴的意大利无花果。要品尝巅峰时刻的无花果，两个条件是至关重要的：它必须处于即将裂开（或者已经裂开）的时刻，而且它必须是温热的（日光比任何其他方法都更好）。

1　译注：kiwi是新西兰国鸟几维鸟，翅膀退化不能飞行，形状就像一个猕猴桃。

Oranges et Citrons

Myrthe

加商业化的亲属强得多，因此可以单株栽培在较冷凉的北方气候区。此外还有一个两性品种"詹妮"，而它的一个更偏重观赏的近缘品种"银线"葛枣猕猴桃（*A. polygama*）拥有小而味苦的黄色果实，在日本有时会用盐腌制食用。植株的其他部分富含一种可以引诱并迷醉猫的油——这一点跟猫薄荷很像。更富争议的是，这种油曾被用于驯化被囚禁的狮子和老虎。

来自芸香科（Rutaceae）的柑橘属非常庞大，而且它的起源迷雾重重，一页左右的篇幅只能触及表面，无法深入论述。这只是对柑橘家族的简略勾画，但足以描述出它的庞大、多样和重要性。该属包括橙子、柠檬、酸橙、葡萄柚和橘子等常见水果。今天的柑橘属水果来自大约十几个野生物种，这些野生物种起源于南亚和印度地区。很可能是亚洲的阿拉伯商人将柑橘属植物带回了中东，随着阿拉伯人的一次次征战和随后的十字军东征，它们从中东传播到了欧洲。现在认为是葡萄牙航海家在 16 世纪将优良品种从东南亚引入欧洲。葡萄牙人还和西班牙一起，在 16 世纪将柑橘属植物引入了新世界。

千百年来，柑橘属物种被不断地选择、杂交、改良和重新杂交，它们之间的关系变得十分复杂和亲密。根据生长地点不同，同一种类会在果实大小、颜色和味道上表现出差异。柑橘属水果的商业种植在全球呈一条宽带状分布，大致位于北纬 40 度和南纬 40 度之间。随着现代储藏和运输系统的扩张，建立起了一张与古老的丝绸之路类似的贸易网络，这张网络如今已经遍布全世界所有食用柑橘水果的地方。如今柑橘属水果大约有两千个品种，其中得到大规模种植的品种大约有一百个，让它成为了全世界种植最广泛的乔木果树。

柑橘类水果

（*Citrus sinensis*−甜橙，*Citrus medica*−香橼，*Citrus limon*−柠檬）

左页图：柑橘属水果大约有两千个品种，其中大规模种植的品种约有一百个。柑橘属包括橙子和柠檬等常见水果，还有橘子、酸橙、葡萄柚以及较少见的水果如柚子或蜜柚。柑橘属物种在千百年中进行了无数次的杂交和再杂交，使它们成为了世界上种植最广泛的乔木果树。

　　　　　　第四章　杂果

"梅拉罗塞" 柠檬和 "比格内泰" 柠檬

（*Citrus limon*）

像 "梅拉罗塞"（上图）和 "比格内泰"（右页图）这样的古老柠檬品种如今大多数都保存在所谓的 "活着的博物馆"
里，为将来的育种工作提供基因库。没有一种柠檬是毫无优点的，将来的栽培可能还会需要它们。人们希望用这种方
式保留所有古老的性状。

和橙子关系很近的橘子（*C. reticulata*）类品种包括真橘、克莱门氏橘、萨摩蜜橘和柑橘，它们因为味道较甜和容易剥皮而受到喜爱。我们要感谢美国人培育出了美味的葡萄柚（*C. × paradisi*）——它们得到了相当程度的改良，甜味增加了很多，有粉色甚至红色色调，还有一个绿色果皮的品种。美国生产的葡萄柚占全球产量的大约95%。"葡萄柚"这个名字很可能来自一个很古老的品种（已经消失很久），它的果实就像成串葡萄那样从树上悬挂下来。

如今还有许多其他柑橘类水果。名字奇特的丑橘（*C. reticulata*）可能是柑橘、葡萄柚和苦橙的杂交后代，而柚子（*C. maxima*）原产于马来西亚，而且是葡萄柚的祖先之一。柚子是一种"工业化生产"的柑橘类水果，是生产果酱和果汁的重要原料。蜜柚（*C. maxima*）来自以色列，是柚子和葡萄柚的杂交后代。还有其他一些奇怪的种类，如欧塔尼克柑和马拉昆纳柑。萨姆巴（*C. amblycarpa*）个头虽小，但样子古怪到了极点。果实即使在成熟时也是绿色，表面布满瘤和皱纹，以至于看不出真正的形状。果肉也是绿色的。酸橙（*C. aurantifolia*）含有的芳香油用于香水制造业——它的果汁可用在软饮料里。

苦橙（*C. aurantium*）主要用于橘子酱，不过也是君度酒的成分之一。甜橙（*C. sinensis*）最接近真正的橙子：它有大约两百个品种，如脐橙和血橙，但最重要而且数量最多的是"瓦伦西亚"。柠檬（*C. limon*），拥有很多品种。香橼（*C. medica*）主要用于制作糖渍香橼皮蜜饯。佛手（*C. medica* var. *sarcodactylus*）是最古怪水果的有力竞争者。它的果实分为十个彼此独立的部分，从树上垂下来，就像诡异的手指。还有与柑橘属亲缘关系相近但独立于柑橘属的金橘属物种（*Fortunella* spp.）、香肉果（*Casimirea*

"阿达莫"香橼

（*Citrus medica*）

左页图：香橼的单果重量可达 1.5 公斤，最初来自东南亚。虽然它们看起来像大号的柠檬，但没有那么多汁，不过更甜。它们现在的主要用途是制作糖渍果皮蜜饯。它们的商业种植主要分布在意大利、希腊、印度和美国。

edulis）或叫"墨西哥苹果"以及黄皮（*Clausenia lansium*）。

在本书列出的所有水果中，甜瓜是仅有的一年生植物。它被播种下去，长成植株，开花，结果，然后死亡，所有这一切都在一年之内完成。甜瓜（*Cucumis melo*）和西瓜（*Citrullus lanatus*）是庞大的葫芦科（*Cucurbitaceae*）的成员——其他成员包括黄瓜、丝瓜、西葫芦和小胡瓜、小黄瓜、南瓜和欧洲野生植物白泻根。它们大多数都是攀缘或蔓生植物，结出沉甸甸的果实，果实的含水量大约为90%。第一批瓜类植物可能来自中亚或非洲——这两个地点都有争论。它们得到了古希腊人和古罗马人的栽培，据说教皇保罗二世就是因为吃了太多甜瓜在1471年去世的。甜瓜种植在全球的热带和亚热带地区，以及——虽然不是商业性地——温带地区的温室内。持续不断的杂交育种造就了许多新的物种、变种和品种。

甜瓜可以分成四类：罗马甜瓜、网纹甜瓜、香瓜和冬甜瓜。"罗马甜瓜"（Cantaloupes）的名字来源于坎塔卢帕（Cantalupa），罗莫附近的一个小镇。它们一般为圆形或稍扁平。几乎所有罗马甜瓜的表面都清晰地分割成块，果皮有时长瘤，很不平整。橙色果肉令人垂涎欲滴，是味道最好的甜瓜。由于采摘后不能储存很长时间，所以它们都会在植株上长到几乎完全成熟才摘下，并且应该尽快食用。法国品种"莎朗泰"就是一种品质优良的罗马甜瓜。"网纹"甜瓜的名字来自果实表面的网状花纹。它们的果肉呈诱人的杏黄色，吃起来有点像罗马甜瓜，但味道稍差一些。"葛利亚"是一个典型的网纹甜瓜优良品种。

"香瓜"以首次种植它们的以色列集体农场的名字命名。果实外表呈深绿色，并有橙色条纹将表面分割成块。果肉呈淡绿色，滋味很好。成熟时，这些甜瓜会散发出

佛手

（*Citrus medica* var. *sarcodactylus*）

右页图：佛手是世界上最古怪的水果之一。每个果实都分裂成十个左右手指状的部分，看起来就像一只手。这种水果在远东的需求量很大，因为人们喜欢它的香味，人们也会出于观赏和猎奇种植它们。

可爱的香味，果实末端变得柔软。最后还有"冬甜瓜"，它们的另一个名字"蜜瓜"更为人熟知。它们呈深绿色或黄色，果肉为浅绿色或几乎为白色。作为四类甜瓜中味道最一般的，它们吃起来甜而清爽。它们的形状呈椭圆形，就像橄榄球那样。蜜瓜是晚熟型甜瓜，果皮坚硬带有纹道，而且它们很耐储藏。英国每年从西班牙进口大量蜜瓜。甜瓜在温带国家也很容易种植，不过它们的确需要温室或冷床的保护。

西瓜（*Citrullus lanatus*）是完全不同的一种水果，没有其他水果作为甜点的任何品质。它们相对比较无味，育种者们正在努力改善这一点，不过它们非常适合用来在炎热的夏天消渴解暑。西瓜起源于北非和印度，如今遍植于热带地区。作为一项广泛出口的商品，它们可以长得非常大——重量达 20 公斤或者更重。西瓜的果肉呈粉色至红色，口感异常得脆，这个特点增加了它的吸引力和解渴的特性。果肉中分布着黑色的种子，在有些国家，人们会将西瓜子加盐烤熟出售，就像对待坚果那样。检查西瓜成熟与否的最佳方法是就像敲门一样轻轻叩击它。声音越闷，说明它越成熟——如果几乎是金属声，说明它还没有准备好。西瓜的主要出口国家和地区是地中海国家、美国南部和墨西哥。

对于生活在冷凉气候区的人们，菠萝肯定是最具异域风情的水果之一。凤梨科（Bromeliaceae）的菠萝（*Ananas comosus*）总能让人想起荒岛上的浪漫风景。实际上，菠萝原产于巴西南部和巴拉圭，它的野生祖先依然在那里繁茂地生长着。早在欧洲人踏足新世界许久之前，当地土著就开始栽培菠萝，并将它向北带到墨西哥和西印度群岛。克里斯多夫·哥伦布在 1493 年的瓜德卢普首次看到菠萝，后来又于 1502 年在巴拿马再次见到了它。

酸橙

（*Citrus aurantifolia*）

左页图：虽然人们总是觉得酸橙是绿色的，但真实情况是只有我们在酒吧里看到的那些才会是那种颜色。其余的在成熟时是黄绿色或者浅黄色。酸橙有两个主要品种，"墨西哥人"和"熊"。它们的用途和柠檬相似——因为它们通常都太酸了，很难用于调味之外的用途。

巴哈马群岛生产菠萝的历史超过二百五十年。有趣的是，巴哈马人过去常常将菠萝和他们的上衣放在自己家外面，作为欢迎和友好的标识。这一习俗让许多欧洲豪宅别墅纷纷效仿，在门柱顶端放置石头菠萝——其中有一些保留至今。

菠萝在 16 世纪传播到太平洋上的岛屿和西非。它们在 1594 年来到中国，但直到 18 世纪初才抵达欧洲。到 18 世纪末时，菠萝在法国和英国的种植十分兴盛，它们在乡村别墅的温室中得到精心栽培，人们热衷于进行比赛，竞相种出最好的或者数量最多的菠萝。（事实上，我的一位祖先就是首批在英国种植菠萝的人之一。）自 1860 年起，菠萝开始在佛罗里达种植，并且是商业生产的主要热带水果之一。鲜果可应季供应，切碎罐装后则可全年供应，菠萝果汁在炎热的夏日是绝佳的清凉饮料。此外，菠萝含有一种叫作菠萝蛋白酶的生物酶，这种酶可以降解蛋白质。对于肉质较老的用于炖菜和烧烤的牛排，可以用一片菠萝摩擦肉的表面，或者用菠萝汁腌制过夜，这样不但能让肉质变嫩，而且还能起到调味的作用。

菠萝的名字"pineapple"有两个来历。它的法语名字"ananas"来自印第安语"nana ment"，意思是"优美的果实"。哥伦布认为果实的形状像松树的球果，于是他称其为"pina"，这个西班牙名字经历了漫长岁月，变成了英语中的"pineapple"。菠萝的开花和结果过程非常迷人。当植株长到一两年时，中间会伸出一根茎干用于开花，这根茎会在顶端长粗，发育成一个花序。小花（每个花序都有至少一百朵）呈紫色或泛红，每朵小花都有黄色或绿色的苞片，具体的颜色取决于菠萝的种类。花序继续生长，在顶端长出一簇紧凑的坚硬短叶。不久之后，每朵花都结出一个小果实。它们融合起来，长成一个巨大的聚合"假果"并继续生长，变成一个富含汁

"印度"酸橙

(*Citrus aurantifolia*)

右页图："印度"酸橙实际上是一种"甜酸橙"，又称"巴勒斯坦"酸橙或在印度被称为"Mitha Limbu"（"Mitha"的意思是"甜的"）。它并不是只能用于调味，也可以作为水果生吃，并因为在治疗发烧或黄疸时表现出的清热作用而受到重视。

粉肉葡萄柚

（ *Citrus × Paradis* ）

它一直是一种广受欢迎的甜点水果，但到了 20 世纪末，随着红肉品种和额外促销活动的出现，它的流行程度开始下降。它最初可能来自东南亚柚子的某个突变或芽变，如今已经在西班牙、塞浦路斯、以色列、埃及、南非、美国和中美洲商业种植。

柚子

（ *Citrus maxima* ）

右页图：柚子最著名的一点是，它是品质优良得多的葡萄柚的亲本。它的果实大得多，重量可达 5 公斤。果皮非常厚，松散地连接在果肉上，果肉呈泛绿的黄色至红色。柚子不是一种甜点水果；相反，它的果肉会被制成糖渍蜜饯或果酱。

Pompelmouse ordinaire.

De l'Imprimerie de Langlois.

水的肉质菠萝，高度可达大约 30 厘米。外面的鳞片是小花的残留，授粉由蜂鸟完成。不过，对于果实的形成来说，授粉不但没有必要，甚至是无益的，因为产生的种子又小又硬。

人们使用菠萝的顶枝、侧枝或萌蘖进行营养繁殖。对品质——特别是存储寿命——的改良从未停歇。由于菠萝必须在植株上长到成熟，采摘后要迅速运走，所以空运是唯一可行的运输方式。菠萝的味道由于品种的不同而呈现差异，而它的鳞片是品质的重要标识。果实表面的自然凹凸越明显，它的味道就越好。这种标记越少，味道就越淡，但果肉越多汁也越甜。当鳞片末端变成棕色时，说明菠萝已经成熟，这时候它不长叶片的一端会变柔软。

香蕉如今已经成为我们日常生活中的一部分，很难想象一个没有它们的世界。它们是最方便食用的水果之一——只要把黄色的皮剥掉，里面就是白色的可食用部分。"蕉"是一个多用途的泛称，用来形容许多物种、变种和品种，有些可食用，有些纯粹用于观赏。香蕉是芭蕉科（Musaceae）的成员，被广泛接受的植物学名是 *Musa acuminata*。香蕉主要有两种类型———种可以作为甜点直接生食（香蕉），另一种需要以某种方式进行处理或加工才可以食用和消化（大蕉）。苹果蕉和米蕉是大蕉，而"卡文迪什"和"大米歇尔"都是甜点香蕉品种。

香蕉很有可能源自东南亚地区，南至澳大利亚北部。古希腊人和古罗马人早在公元前 3 世纪就知道了它们的存在，但直到公元 10 世纪，香蕉才来到欧洲。葡萄牙水手将植株从西非带到南美，香蕉就这样来到新世界，如今它们已经是全世界第四大水果作物，位列葡萄、柑橘类和苹果之后。香蕉广泛种植于全球热带和亚热带地区，大多数出售至欧洲的香蕉来自中南美洲国家、西印度群岛和非洲。现在只有大蕉是从东南

紫色苦橙

（*Citrus aurantium*）

右页图：尽管苦橙具有较高的观赏价值，但紫色种类（如果还存在的话）应该没那么好看。不过，苦橙最常用的用途——制作橘子酱——也不会适合紫色的种类，因为恐怕没人能够习惯紫色橘子酱。

Giorgio Angiolini dis.

Giuseppe Pera inc.

CITRUS AURANTIUM *Olysiponense* —— *Arancio di Portogallo*

Pianta arborea e di foglie sempre verdi —— Fiorisce nel Maggio e matura i frutti nell'inverno,
i quali fra il Dicembre ed il Gennajo si colgono per serbarli fino a tutto Marzo e più. Se si lasciano sulla pian-
ta come alcuni costumano, allora si dissugano e non sono buoni che per la scorza. L'Arancio di Portogallo si
moltiplica per seme o per innesti; ama terreno consistente e ben concimato; si può tenere a spalliere in
buona esposizione o in vasi ove ama stare colle radici piuttosto ristrette, ed in ogni caso bisogna difenderlo dai freddi
dell'inverno. I frutti sono stimati per il sugo agre-dolce, e per l'odore della scorza.

亚进口的。

香蕉植株很大，其主干完全由叶柄卷曲而成。叶片长达 2-3 米，卷曲叶柄组成的主干高度也差不多这么长。香蕉叶子的结构非常有趣。叶柄和中脉的内部结构都发挥着与现代建筑内部梁架相似的作用——由大片中空空间和连续不断纵横交错的支撑结构组成。叶片由一根强壮的中脉和数百根紧密排列，延伸至叶片边缘的平行叶脉组成。每一根叶脉都是笔直不分叉的，所以从中脉到叶片边缘非常坚韧，而叶脉之间则相对比较薄弱。整棵植株的构造可以让它经受暴风雨的侵袭而不会受到任何严重的伤害。叶柄、主干和中脉可以弯曲而不至于折断，叶片很容易从中脉至边缘被撕开，但叶脉和其他输导组织都不会受到伤害。风暴过后，植株仍然可以正常生长。

当香蕉植株完成结果后，将它砍到地面高度，但要在植株基部开始长出萌蘖之后再进行。如果不砍掉，植株会死亡，因为它的结实任务已经完成了——每根茎干只能结一次果。香蕉果实生长在从主干伸展出去的分枝上。每个分枝向上长出十把香蕉，每一把有十二至十六只香蕉。因此每根主干可以生产一百至两百只香蕉。香蕉在鲜绿色未成熟时收获，因为它们从绿色状态变成熟的能力比任何其他水果都强。

"在果实内部有一个空腔，里面或多或少填充着一个散发着芳香气味的双层膜囊，膜囊里充满着橙色浆状果汁，以及多达 250 个深棕色或黑色小种子"——这就是一位植物学家对紫果西番莲（*Passiflora edulis*）果实的描述。西番莲的名字来源于它们花朵的结构，因为柱头、雄蕊和苞片的数量让早期的西班牙传教士想起了基督的受难。当西班牙人在丛林中第一次看到西番莲花时，他们将这些花朵视为神的启

苦橙

（*Citrus aurantium*）

左页图：苦橙产量最高的国家是西班牙。大多数都用船运到英国制造橘子酱。让人吃惊的是，它还有另外一个非常重要的用途，不是果实，而是树木——它是一种很棒的观赏行道树，广泛种植在亚利桑那州和加利福尼亚州南部。

Bigarrade Couronnée.

冠橙

（*Citrus sinensis*）

左页图：它可以看作一种奇怪的脐橙，果实末端镶嵌生长着另外一个小橙子。根据"冠"的尺寸，这个小橙子好像正在被"生"出来一样。

甜橙

（*Citrus sinensis*）

甜橙这个物种的商业种植极为广泛，拥有难以计数的变种和品种。其中有些拥有独特的标记，自成一类，如脐橙、普通甜橙和血橙。事实上，千百年来经过如此繁复的杂交，给它一个柑橘亚种的地位应该更合适。

普通中国甜橙

（*Citrus sinensis*）

普通甜橙拥有一定耐寒性，广泛种植在较温暖的气候区以及拥有地中海气候的地区。它在形状和大小上的变异非常丰富。在漫长岁月中经历这么多杂交（包括人工杂交和自然杂交），它很难再称得上是一个物种了。

示。从它们身上，西班牙人看到了美洲土著应该拥抱基督教信仰的理由。就算这一方法不成功，西班牙人也很快会用和园艺无关的其他方法说服他们所有人。

西番莲是西番莲科（Passifloraceae）的成员，该科最主要的属就是西番莲属。我们在花园中种植的耐寒西番莲是蓝花西番莲（*P. caerulea*）。它的果实在成熟时呈黄色至橙色，虽然可以食用但并不好吃。紫果西番莲是食用西番莲的主要种类，它是来自巴西亚马孙雨林、巴拉圭和阿根廷北部的一种健壮木本攀缘植物。它有两种类型——紫果种类是最著名的，还有一种是结黄色果实的。巴西的西番莲果产业历史悠久，还有很多罐装和果汁压缩工厂。较著名的紫色果实西番莲是很受喜爱的甜点品种，而黄色果实的西番莲主要用于制造果汁。

在公元 1900 年前，世界的另外一端，西番莲在澳大利亚的昆士兰得到了驯化。然而，在 1943 年发生了一场灾难，西番莲遭到了根系寄生真菌镰刀菌（*Fusarium*）的袭击。它杀死了大部分紫果植株，但黄果植株则安然无恙，这导致人们开始将紫果类型作为接穗嫁接在黄果类型的实生苗培育的砧木上。这样的砧木还能抵御有害的线虫。另一种大果西番莲（*P. quadrangularis*）偶尔也能在商店里见到，还有香蕉西番莲（*P. mollissima*）。大果西香莲英文名为"grand granadilla"，"Granadilla"听起来像西班牙语，这并不是偶然，因为当西班牙征服者们第一次看见这种水果时，他们立刻想到了石榴。"Granadilla"的意思是"小石榴"。完美的西番莲果拥有深紫色的光滑或皱缩果皮。食用时将果实切成两半，然后把果肉挖出来，要是冰镇后加上几滴柠檬汁，简直是可以供奉国王的美食。

葡萄（*Vitis vinifera*）属于葡萄科（Vitaceae）。该科有将近 450 个物种，但只有一

角橙

（*Citrus aurantium*）

右页图：角橙和佛手的果实都会分隔成独立的部分。这种奇怪的果实可能是一种指状果，造成指状果最常见的原因是柑橘瘤瘿螨（*Aceria sheldoni*），一种类似蠕虫的螨，它会毁坏柠檬的花蕾和花，打断果实的发育，不过在其他物种上并不常见。

La Bizarerie.

Poiteau pinx.ᵗ   De l'Imprimerie de Langlois.   Bocourt

个物种在数千年里一直受到人们的巨大重视，而如今葡萄是世界上种植最广泛的水果。从葡萄被采摘下来之后的待遇就可以清楚地看到葡萄的重要性：5%变成了葡萄汁；另外5%变成了葡萄干；10%作为鲜果生食；而多达80%的葡萄都经过发酵灌装成葡萄酒、白兰地、干邑白兰地、雅邑白兰地和许多其他酒精饮料。

葡萄很可能起源于黑海地区，根据考古发掘确定，它们最初就是在这个地区得到栽培的。《圣经·创世记》卷记载了葡萄的栽培，清晰地说明了葡萄和葡萄园的悠久历史。诺亚和所罗门王都有葡萄园，而埃及人早在五六千年前就已经使用葡萄酿酒。所有人都对葡萄推崇备至，也许对果实的重视程度和用它们酿出的酒不相上下。巴克斯由于教会了人类使用葡萄酿酒而被罗马人推举为酒神。巴克斯常常以一个老头的形象出现，头上戴着葡萄和葡萄叶编成的花环，这样是为了让我们知道"不适当的饮酒会让我们变得跟老头一样孩子气"，没人能反驳这一点。希腊哲学家对葡萄酒的观点非常明确。他坚定地认为"在上帝赠予人的东西中，没有别的什么比它更好更有价值"。爱德华·班亚德——伟大的英国苗圃商、葡萄酒鉴赏家和美食家——肯定会同意这一论断。

古代葡萄栽培的标准非常高。在大马士革种植的一个品种，一串葡萄可以长到12公斤。据说还有一种葡萄的果实有鸽子蛋那么大，而在爱琴海群岛，每串葡萄的重量据说可以达到4.5公斤至18公斤。有些波斯葡萄大得吃一只果实就能塞满嘴巴。这样的葡萄已经不存在了，不过当初也许只是为了发酵的葡萄汁才把它们创造出来的。

葡萄首次用于酿酒是很早很早之前（五六千年前），然而，它们花了很长时间才到达欧洲。直到大约公元前1500年才有人提到它们；然后希腊殖民者开始在法国南部

畸形橙

（*Citrus aurantium*）

左页图：这种畸形的柑橘类果实在1674年得到记录，记录人是一位叫作彼得罗·纳蒂的意大利医生，他在佛罗伦萨的某个家庭别墅中（大约是在1645年）嫁接在橙子树上的香橼上看见了它。这种自然发生的芽变极为丰富多样，自从17世纪以来就在柑橘属内得到记录。

的马赛附近种植葡萄。后来葡萄跟随罗马军队从那里开始向北扩散，直到它们几乎抵达了欧洲的每一个角落。的确，意大利葡萄酒备受喜爱，以至于一个奴隶也只能换一罐酒。肯特郡里奇伯勒出土的两耳细颈酒罐附带着标签，标签表明其中的葡萄酒来自公元79年那场灾难性喷发尚未发生之前的维苏威火山山坡。

英国栽培葡萄的第一份书面证据是一本写于公元731年的书，作者是著名僧侣圣皮特。剑桥郡伊利周围种植了许多葡萄树，以至于伊利岛被非正式地重新命名为"葡萄岛"。"葡萄酒不是为年轻人准备的，而是为老人和智者"，在大约公元1000年时英国本笃会修道院院长阿尔弗里克如是说。

葡萄在新世界的起步较慢。新英格兰的定居者们最初种植了欧洲葡萄，但没有取得成功，于是他们将注意力转移到北美本土原产的葡萄，这是一个完全不同的物种——美洲葡萄（*Vitis labrusca*），或称"狐狸葡萄"。它们的表现好得多，而且还不受葡萄霉病的侵袭，这种真菌病害能对欧洲葡萄造成巨大的伤害。它们也不会感染根瘤蚜（*Phylloxera*），这种蚜虫会造成严重的根系结瘤，使欧洲葡萄的大批死亡。在19世纪时，根瘤蚜肆虐欧洲，于是"狐狸葡萄"的实生苗被运到欧洲，用于欧洲葡萄的砧木。

除了酿酒用的葡萄之外，还有甜点（生食）葡萄品种。种植酿酒葡萄的国家大多数也都种植这一类葡萄，主要的区别在于品种。虽然许多甜点葡萄品种也可以用于酿酒，但是酿酒葡萄品种却是很差的生食葡萄，因为不够甜。在比较靠近北方的国家，酿酒葡萄在户外比甜点葡萄生长得更好。不过，有少数甜点葡萄品种可以生长得相当不错，特别是"黑汉堡"。在这些气候较冷的国家，生食葡萄几乎全部种植在温室中，如果在温室中得到精心照料它们会生长得很好。葡萄如今依然被宽泛地描述

香柠檬

（ *Citrus bergamia* ）

右页图：香柠檬是苦橙最著名的亚种，自从16世纪就开始在意大利进行商业种植。它的种植主要是为了得到芳香的果皮，用于制造芳香油或者拿来调味。在美国种植的同名果树实际上是观赏品种"酒香"，跟它不是同一种植物。

ORANGE DE MALTE.

Arancio di Malta Sanguigno

Tab. 13.

Poiteau Pinx.^t   Colard Sculp.^t

为"紫色"或"白色"，尽管现在已经有了许多呈现出各种粉色和红色的新品种——这一点在北美的葡萄品种中体现得特别明显。美国的"草莓葡萄"非常适应不列颠群岛户外的气候，也许最后一句有关葡萄（特别是"草莓葡萄"）的话应该留给爱德华·班亚德。在 1927 年，他曾这样说道："草莓葡萄受到某些人的喜爱，然而对我来说，它的味道就像公猫和黑醋栗杂糅在一起，大多数人的口味都无法对它产生好感，值得庆幸的是它很少见。"

"马耳他"血橙

（*Citrus sinensis*）

左页图："马耳他"血橙是最著名和最受欢迎的甜点橙之一。人们广泛认为拥有红色果肉的血橙最饱满多汁，味道最好。它们占到地中海地区食用橙子的三分之一。在美国，"莫罗"、"山桂奈丽"和"塔罗科"是最受欢迎的品种。

橘子

（ *Citrus reticulata* ）

橘子类水果的分类和甜橙类一样容易令人困惑，因为橘子包含许多不同的家族成员。在英国，最有名的种类或类群是柑橘、萨摩蜜橘、真橘和克莱门氏橘，它们都具有果小、汁多、易剥皮的特点。

金橘

（ *Fortunella margarita* ）

右页图：金橘是橙色卵形水果，大小就像一枚小李子。果皮软厚而甜，果肉则有适度的酸味。你可以带皮吃掉整个果实。在美国，它们种植在佛罗里达和加利福尼亚，在圣诞节期间特别流行。名字里带有"quat"的任何柑橘属水果都有金橘的遗传基因。

西瓜

（ *Citrullus lanatus* ）

虽然有圆形品种，但典型的西瓜通常更大也更长，不过较小的品种常常是品质最好的。所有西瓜都需要干燥而炎热的生长条件，但根系需要灌溉大量水。在印度，西瓜过去常常种植在河岸上，那里虽然炎热，但根系可以一直保持湿润。在适宜的条件下，这些带有白色条纹的深绿品种可以长到 1 米长，直径达 40-50 厘米。鲜红色的果肉多汁清爽，但不幸的是它有些无味。

小罗马甜瓜

（ *Cucumis melo* ）

这种美味甜瓜的全名是"Petit Canteloup des Indes Orientales"。不过这更像是一段描述而不是一个名字，意思是"来自东印度群岛的小罗马甜瓜"。罗马甜瓜是甜瓜中的佼佼者，芬芳多汁的橙色果肉很适合作为餐后甜点。

"达姆莎"甜瓜

（ *Cucumis melo* ）

右图：甜瓜可以宽泛地分成两类。这种属于蜜瓜型，拥有甜而多汁、味道柔和的淡绿至白色果肉。通常它们最好作为一餐的前奏，而不是餐后甜点，因为它们更加"浓厚"。

甜瓜栽培品种

（ *Cucumis melo* ）

左页图：这幅令人垂涎欲滴的图画展示了许多古老的罗马甜瓜品种。今天的许多品种都属于这一类。它们比蜜瓜类更加美味，而且可以像温室黄瓜一样种植。大多数现代品种都比这些较古老的品种小得多，不过也容易种植得多。不要将它们冰镇食用，否则会破坏味道。

"罗马纳"甜瓜

（ *Cucumis melo* ）

看起来很像今天的"荷兰网"甜瓜，但它是一个种植于18世纪的罗马甜瓜品种。判断某种甜瓜属于哪个类群，只需要观察果肉的颜色。绿色和白色果肉说明是蜜瓜类，而橙色果肉代表罗马甜瓜。

"黑岩"甜瓜

（ *Cucumis melo* ）

阿伯克龙比的《果蔬园艺和温床促成栽培全书》（1789 年）中列出了"黑岩罗马甜瓜"，它是当时最好的甜瓜之一，果实也很大。不过它更出名的是果实表面长出的瘤和赘疣。如果不是果肉的品质十分优良，它肯定会被认为只是猎奇之物。

"白南岩"甜瓜

（ *Cucumis melo* ）

右页图：随着法国改良品种的出现，到 17 世纪中期，甜瓜的栽培愈加广泛。阿伯克龙比列出了不少于十三个品种，其中有六个是罗马甜瓜。这个品种并不在其中，但"岩罗马"甜瓜包含在内，这两个品种肯定非常相似。

"黑色牙买加"菠萝

（*Ananas comosus*）

菠萝原产于南美洲，波特兰伯爵在
1690 年将它们从荷兰引入英国。这
幅插图的作者布鲁克肖告诉我们，
当菠萝刚刚开始在英国种植的时候
引起了人们巨大的兴趣和好奇。来
自法国、荷兰和德国的王公贵族甚
至专程来到英国，就为了看它一眼。

"恩维尔"菠萝

（*Ananas comosus*）

右页图：就像"黑色牙买加"和"女
王"一样，"恩维尔"也是一个古老
品种。然而它的味道肯定没有外表
那样好，因为霍格将它描述为一种
"非常漂亮的菠萝，但味道并不浓
郁"。这无疑就是缺少它的相关信息
的原因。

"女王"菠萝

(*Ananas comosus*)

"女王"菠萝一直是英国种植的最好的品种之一。在 20 世纪初，它们就已经是佼佼者，当时市面上还有"黑色牙买加"。"女王"菠萝有三个可辨认的类型——"莫斯科"、"里普利"和"托斯比"。"里普利"是三者之中最甜的，但"莫斯科"的植株较小，果实也比其他类型更宽。

菠萝

(*Ananas comosus*)

左页图：虽然这个菠萝的品种名并没给出，但这幅画的作者是博内利这一事实说明它们于 18 世纪左右已经在意大利有栽培了。霍格在 19 世纪末描述了 25 个不同的菠萝品种。

菠萝

（*Ananas comosus*）

根据果实大小以及粗糙不均匀的鳞片来看，
这些菠萝的品质很低。不过这是有原因
的——图中画的是菠萝未"驯化"或引入栽
培时的样子。这些插图可能展示的是栽培菠
萝品质改良之前的样子，但并未展示出果实
大小。根据果实和果实顶端营养枝的尺寸来
看，也有可能是因为画画的时候菠萝还远未
成熟。

开花的菠萝

（*Ananas comosus*）

左页图：这幅画罕见地将菠萝的花和果实画在了一起。学名"*Bromelia ananas*"也很古老。需要注意的是，菠萝的花是许多小花组成的花序。所有小花长在一起，形成一个聚合果。

菠萝和欧洲越橘

（*Ananas comosus*）

前两页那两幅未成熟或原始菠萝的插图非常逼真，而这幅插图描绘的情况实在是太理想了，不可能是真的。果实超大的尺寸、光滑的外表和极小的顶端营养枝都朝着艺术美化的方向走得太远。欧洲越橘的果实大小也相当乐观。

"达姆森"葡萄

(*Vitis vinifera*)

虽然很难找到提及这个葡萄品种的文字，不过它很有可能和"大马士革"（要记住
"damson"是"Damascus"这个词的讹变）是同一个品种。根据描述，这种葡萄拥有"大而
松散"的果序，并且是个品质一流的晚熟温室品种。

"坦蒂里耶"葡萄

(*Vitis vinifera*)

右页图：对于许多比较古老的葡萄品种（事实上，其他植物也是如此），我们常常只能看
到它们的图画。如果这是一个优质品种，它会在别的地方被记录，然而在很多情况下我们
都没有那么幸运，只能想象图画背后的故事。

"特里费拉"葡萄

（ *Vitis vinifera* ）

左页图：很难找到和"特里费拉"有关的资料。大多数书籍都只会涉及达到一定优良标准的品种，任何像它这样结实状况不佳的品种都很难得到园丁的注意。较小的次级果序也被保留了下来，结果只是让情况变得更糟。

"黑汉堡"葡萄

（ *Vitis vinifera* ）

"黑汉堡"大概是温带国家种植的葡萄中最著名、品质最优良的黑色甜点品种。它在户外无可匹敌，即使在温室内也鲜见敌手。这是个非常古老的品种，在 18 世纪初引入欧洲。最著名的一棵植株位于汉普顿宫，种植于 1768 年。

"红科内尔"葡萄和"普通灰"葡萄

（ *Vitis vinifera* ）

数千年来人类培育了无数葡萄品种，所以不难理解肯定有很多品种消失在了历史的长河里。这并不意味着它们已经没有种植的价值，因为这是一个不断演化的过程。当一个品种被取代的时候，是因为新的品种在外观、果实重量或稳定性上表现得更好。如今，对品质的改良变得更加复杂，包含了许多因素，如成熟时间、结果持续时间，以及对病虫害的抗性等。（上图："红科内尔"葡萄；右页图："普通灰"葡萄）

"红麝香" 葡萄

（ *Vitis vinifera* ）

麝香葡萄是最有名的葡萄种类之一。它们独特的味道——无论是甜点品种还是酿酒品种——很具有辨识度。有趣的是，这个品种的英文名不是"红麝香"，而是"红法蓝提农"[1]。果肉多汁紧实，有一种宜人的麝香味道。

———————————

1 译注："法蓝提农"是法国南部一小镇名。

"白麝香"葡萄

(*Vitis vinifera*)

这个品种的命名也出现了同样的奇怪情况，也被翻译成了"白法蓝提农"。果序很好看，但没有肩。果肉相当紧实而多汁，拥有可爱的麝香味道。

第四章　杂果

"加浓麝香"葡萄

(*Vitis vinifera*)

这是种非常漂亮的温室葡萄（适合展览），品质也很优良。虽然总体上不及"亚历山大麝香"，但果实品质绝对挑不出毛病来，强烈的麝香口味更是无人不爱。

"亚历山大麝香"葡萄

(*Vitis vinifera*)

右页图：这种温室白葡萄为所有其他白葡萄设立了评价标准，不过这幅画并没有如实地描绘果序的形状。它的果序大而均匀，呈明显的倒三角形，有厚实的肩。果实品质很高，但这种高品质并不容易达到，因为果实需要额外的热量才能至臻完美。它有过许多实生苗，但没有一种可以取代它的王者地位。

蕉栽培品种

（ *Musa × paradisiaca* ）

果实的小巧尺寸说明它是香蕉（ *M. chinensis*，字面意思是
中国的香蕉），后来这个名字又改成了 *M. cavendishii*（尽管
这个名字比较常见，但其实现在已经废除不用了）。我们
所熟悉的大部分香蕉都来源于 *M. chinensis* 这个物种，它是
种植最广泛的甜点香蕉之一，因为它对风和病害的抵抗能
力都很强。图中展示了花和胚胎期的小果。花的底部——
小果下面的紫色部分——可以用作蔬菜。当它们接近成熟
时，整簇香蕉会变圆，并朝上翘起。苏里南仍然是香蕉主
要生产国之一。

蕉栽培品种

（*Musa × Paradisiaca*）

芭蕉属及其物种是植物学家们争论不休的话题之一。我们确知的是芭蕉属有两种类型。可以作为甜点生吃的被认为是真正的"香蕉"，如"卡文迪什"、"大米歇尔"。其他的则是"大蕉"，它们需要进行某种形式的处理或加工才能食用和消化。这样的区分是人为且主观的——所有品种都根据生食、烹调或制造加工等用途来判断归属。

水果：一部图文史　　　　286

芒果

（*Mangifera indica*）

芒果就相当于热带的苹果，因为它在全世界的热带地区种植得非常广泛。芒果有数千个品种，既有李子大小的小芒果，也有像甜瓜一样大的大芒果。出口到温带国家的通常是中等大小的。由于是热带水果，它们可以周年生产。

芒果和榠楂

（*Mangifera indica & Cydonia sinensis*）

右图：这是一组奇怪的搭配，不过它们都是"森林之果"，尽管芒果是热带植物而榠楂来自中国。榠楂是很漂亮的树木——高达 6 至 12 米，拥有漂亮的剥落状树皮，但它需要地中海气候的温暖才能良好开花结实。（左下为榠楂，其余为芒果。）

"红波伊斯"芒果和"黄波伊斯"芒果

（ *Mangifera indica* ）

左页图：虽然今天已经不再商业种植——也可能使用了
不同的名字，但这两个芒果品种在过去很显然是非常合
意的，因为它们拥有现代芒果的外形。热带树木有时候
会种植在温带地区，但芒果不会是个明智的选择，因为
芒果树太大。

芒果

（ *Mangifera indica* ）

除了树木高度——野外生长的果树可达 30 米——之外，
让芒果树难以在非热带地区成功栽培的其他因素是光照
强度和白昼长度。温度在温室里并不是问题。商业生产
中的芒果树会种植在低矮砧木上，让它们的高度大大低
于野生果树。

　　　　　　　　　　　　　　　第四章　杂果

面包果

（*Artocarpus altilis*）

面包果最著名的事迹是，它是造成"慷慨号哗变"的原因之一。占用船员饮用水的面包果树在慷慨号从太平洋行驶到西印度群岛的途中被扔出了船外，一同被扔下船的还有布莱上尉（不过他还有只划艇）。

费约果

（*Feijoa sellowiana*）

左页图：德国植物学家厄恩斯特·贝格尔用了西班牙植物学家唐达·席尔瓦·费约和德国标本采集者F. 萨洛（F. Sellow）的名字为费约果命名，它还被称为"菠萝番石榴"和"无花果番石榴"，因为它的味道像是菠萝和番石榴混合在一起。如今它的栽培主要是作为一种观赏灌木而不是为了得到甜点水果。

　　　　　　　　　　第四章　杂果

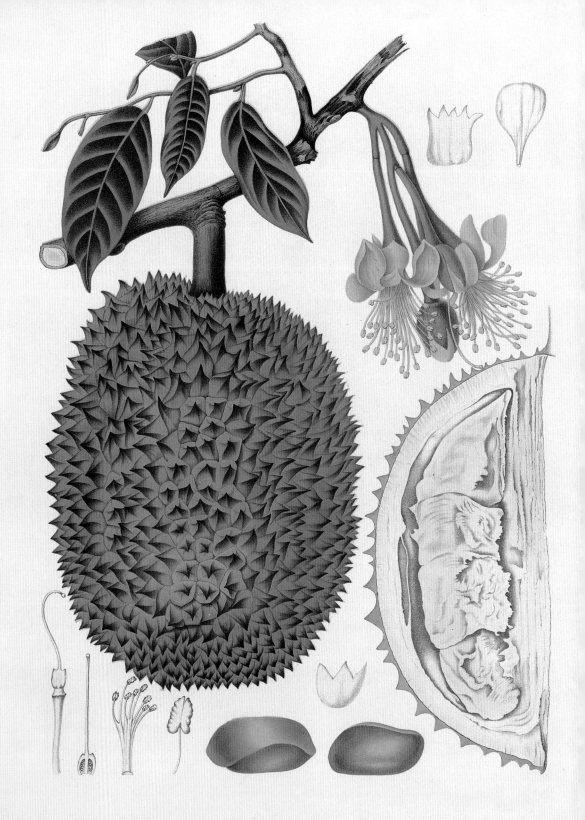

DURIO ZIBETHINUS. L.

Emile Tarlier éditeur, à Bruxelles.

榴梿

（*Durio zibethinus*）

左页图：榴梿越接近成熟，它的气味就越强烈，越具有穿透性。榴梿的果实表面还布满尖刺。虽然它"臭"名昭著的名声让它在西方少有人爱，但它在东南亚仍然是一种极受欢迎的重要本土水果——在那里它会用来为冰淇淋和牙膏调味。

番荔枝

（*Annona reticulata*）

又被称作"小公牛之心"，番荔枝看起来就像一个巨大的冷杉球果。它们很美味，但不幸的是，由于难以运输，它们很难在种植地之外的地方提高知名度。它们不耐旅途颠簸，而且不能忍受低于14℃的温度，所以冷藏也并不可行。

罗望子

（ *Tamarindus indica* ）

罗望子最初来自印度，但也种植于印度尼西亚和非洲，是一种和角豆树亲缘关系很近的豆科植物。它们都是豆类，并且介乎于水果和蔬菜之间。罗望子的果实和种子可以制成糖浆，能够在冰箱里保存很长时间，并调制成令人清爽的饮料。

杨桃

（ *Averrhoa carambola* ）

左页图：由于人们对其漂亮果实的兴趣陡然增加，杨桃的地位最近日益突出。横切成片的杨桃在水果沙拉中显得非常美观。它们主要来自印度和斯里兰卡，有两个截然不同的种类：一种是所谓的"甜"杨桃（包含不到 4% 的糖分），还有"很酸"的杨桃。这两种杨桃的栽培在今天仍然主要是为了观赏而不是因为它们的味道。

L. Reeve & Cº London

刺角瓜

（*Cucumis metuliferus*）

如今它更多地作为观赏果实而不是甜点水果，因为它味道平淡，还有酸味——除了在故乡南非之外，世界其他地方的人们几乎都不知道有刺角瓜这种东西，想来也并不令人惊讶。它在 1930 年代被引入澳大利亚，如今在那里已经成了杂草。

火龙果

（*Hylocereus undatus*）

右页图：该物种的属名（*Hylocereus*，量天尺属）说明这是一种"木本仙人掌"。和昙花属（*Epiphyllum*）植物相似，它有三角形的木质攀缘茎，开白色大花。花谢后结出含有许多种子的肉质大果，这些果实在它的原产地西印度群岛很受欢迎。

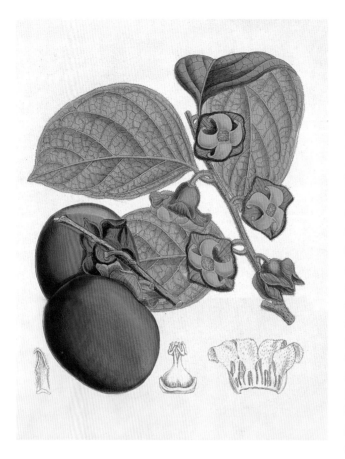

柿子［柿（*Diospyros kaki*）或美洲柿（*Diospyros virginiana*）］

柿子又被称为"猴枣"，最近还得到了一个"莎伦果"的别名。它原本来自中国和日本，伴随着对地中海型气候的需要，它很快传播到了任何拥有相似气候的地区，包括美国南部、巴西、法国南部、西班牙和意大利。最好的栽培"莎伦果"来自以色列。大多数其他国家种植的柿子树，果实未成熟时吃起来非常苦涩，而以色列的则不会。果实内部分隔成若干部分，里面充满柔软的果肉和种子，吃起来的味道像是介乎于香蕉和香草之间。

番木瓜

（ *Carica papaya* ）

左页图：番木瓜又被叫作"木瓜"，这个名字或许还更常用一些。它原产于热带，茎干柔软的植株（或多或少像是不分枝的"乔木"）在一丛树叶下结出成簇的果实。果实的味道吃起来有点像罗马甜瓜，于是早期欧洲旅行家们（错误地）给它们起了一个绰号——"树甜瓜"。

人心果

（ *Achras sapote* ）

人心果在热带地区的广泛栽培导致人们对它的地区俗名、果实品质和外观产生了极大的混乱。据信人心果起源于墨西哥，它的果肉质地像苹果，但吃起来像蜂蜜、杏和梨混合起来的味道。人心果树流出的树液会形成一种乳胶，广泛用于口香糖的生产。

番石榴

（ *Psidium guajava* ）

原产于美洲热带地区，如今番石榴
也在南非、泰国、墨西哥及其他地
区进行商业种植。成熟的时候，它
们会变软并散发出可爱的香味。果
肉的颜色取决于品种，可能是白绿
色、粉色甚至是深红色。你可以单
独食用，或者将它们切碎拌在水果
沙拉里。番石榴的果肉口味独特，
跟其他任何水果都截然不同。它的
味道有点甜而尖锐。它们可以做成
罐头或番石榴果冻出售，不过也能
为冰淇淋和酸奶调味。跟几乎所有
热带植物一样，它们很难在其他地
方良好地结实。

西番莲

（*Passiflora edulis*）

在大约五百个西番莲属物种中，只有紫果西番莲被认为是当之无愧的食用西番莲。它有两种
不同类型：一种结紫色果实（左页图），更适合作为甜点生吃；另一种结黄色果实（上图），
主要用于加工生产果汁。

石榴

（ *Punica granatum* ）

食用石榴之前可以从果实顶端到底部将果皮划破几次，就像吃橙子时那样。然后将石榴扁平一端朝下放在盘子里，将划破的果皮撕下来。里面肉质的小种子可以用小叉子剥下来吃。尽管这种水果原本来自波斯，商业种植石榴的主要国家都拥有亚热带气候。它们厚厚的革质果皮——如果果实储存很长时间会几乎变成棕色——能够让石榴长期保持新鲜多汁。这对古代的旅行者，以及今天的种植商和出口商都很重要。

石榴

（*Punica granatum*）

石榴拥有漫长、复杂而且令人着迷
的栽培历史。古人认为每个石榴里
面都有613粒种子，与《圣经》中规
定的613条戒律对应，这当然难以
证实或证伪。石榴的果皮和果肉会
渗出汁水，留下的污渍几乎无法去
除，千百年来石榴的这一特性让它
成了一种纺织染料（包括著名的波
斯地毯）。石榴属的其他几个物种是
作为观赏灌木种植的。

椰枣

（*Phoenix dactylifera*）

椰枣树的栽培可追溯至至少公元前
3000 年的中东地区。如今它已种植
在全世界的许多国家，包括美国的
加利福尼亚州和亚利桑那州。干燥
后，椰枣可以保存很长时间——甚至
从圣诞节到明年圣诞节（也许是祸
福参半的事情！）。椰枣树是雌雄异
株的，要栽培椰枣至少需要雌株和
雄株各一棵。果实生长在树木高处
的叶腋间。一棵果树能够结 40 簇果
实，每一簇包括 25 到 30 个椰枣，每
棵树的产量合计可达 150 公斤左右。

山竹

（ *Garcinia mangostana* ）

山竹是一种奇怪的小型水果，果实只有小番茄那么大。它可以长成 25 米高的巨大乔木，使采摘变得非常困难。实生幼苗需要生长十到十五年才能结果——如果将果树嫁接在实生苗砧木上生长，可以将这段时间缩短一半。山竹主要出产于远东、中美洲和巴西。在它厚厚的果皮下，甘甜的果肉分隔成瓣。果肉呈蜡白色，拥有好像是葡萄和桃子混合起来的清新味道。所有这一切都让山竹价值不菲。

兰撒果

（ *Lansium domesticum* ）

左页图：兰撒果来自远东的热带地区，在那里兰撒果树可以长到山竹树那么大。几乎每个村庄每个地区都用不同的名字称呼这种水果。不同的树上结出的兰撒果外表也不一样。它的果汁呈乳状，味苦，果肉酸而呈半透明状，所以真的没什么好吃的。

枇杷

（ *Eriobotrya japonica* ）

枇杷果实小巧，呈梨形，黄色，吃起来像苹果和杏混合的味道。它来自中国和日本，如今其他许多亚热带国家都有种植。枇杷树拥有形似栗树叶的大叶片，有一定的耐寒性，不过需要更多热量才能结实。果实中的大粒种子很容易萌发。

龙眼

（*Dimocarpus longan*）

龙眼在植物学上又被称为*Euphoria longana*。无患子科（Sapindaceae）家族内拥有许多很相似的水果：除了龙眼之外，还有荔枝和红毛丹。它们的个头就像小李子，拥有坚韧紧实的果皮、半透明的果肉和一粒大种子。

红毛丹

（*Nephelium lappaceum*）

右页图：从外表上看，红毛丹就像长满毛刺的荔枝。位于果皮和种子之间的果肉呈淡黄色，多汁味美，但还是比不上荔枝的味道。它来自马来西亚和印度尼西亚（并在那里商业种植），还有泰国。它们是很好的甜点水果，你还可以找到用于生产罐头的种类。

荔枝

（ *Litchi chinensis* ）

荔枝果在树上结成一大簇。每个果实都有李子大小，拥有可轻松剥掉的粗糙薄壳。在印度南部和毛里求斯，每年的 5 月和 11 月都可以收获一次。栽培荔枝有数个品种，它们的区别主要在于果实的大小、形状和品质。荔枝无疑是无患子科植物中最著名的水果，也无疑是最好的。尽管原本来自中国，不过如今它们在以色列、南非和泰国也有种植。荔枝可鲜食，也可做成罐头，英国的中餐馆非常喜欢使用荔枝。有趣的是，果实中央的种子（核）烘烤后也可以食用。

小果酸浆

（*Physalis peruviana*）

尽管拉丁学名如此，但小果酸浆来自墨西哥而不是秘鲁。据说好望角的定居者们首先栽培了它，然后它被运到澳大利亚，它的英文名"好望角鹅莓"就是由此而来的。小果酸浆主要用于蜜饯和沙司，今天已经分布于全世界。

红菇娘

（*Physalis alkekengi*）

左页图：它的常用英文名的意思是"中国灯笼"，另外一个名字是"膀胱浆果"。它既不同于果实品质更高的小果酸浆（*P. peruviana*），也不是更耐寒的锦灯笼（*P. franchetii*）。不过，它的确会在灯笼状的结构内结出红色的可食用浆果，而且植株比小果酸浆更耐寒。

Olive Picholine

"皮肖利"油橄榄和"加莱特"油橄榄

（ *Olea europaea* ）

欧洲油橄榄最初的故乡是小亚细亚和希腊。不过在一千多年前，它就成了整个地中海地区的本土植物。油橄榄是为数不多的可以种植在地中海地区山区的植物之一，那里的土壤非常贫瘠。用于榨油的橄榄果会留在树上长到成熟，而用于腌制和填料的果实则在还不成熟的时候采摘。在装瓶之前，这些果实会先进行浸泡，以去除它们的部分苦味。油橄榄老树或死树的木材备受推崇，因为表面会形成非常复杂精细的纹理。(上图:"皮肖利"油橄榄；右页图:"加莱特"油橄榄)

Ottavio Muzzi dis: Demet.° Scantony inc.

OLEA SATIVA Amygdaeformis
Ulive Gallette

鳄梨

（*Persea gratissima*）

鳄梨最初来自中南美洲，但它的商业生产已经扩散到了以色列、南非、美国，中南美洲和西班牙，这意味着它可以实现周年供应。另外，这些果实很耐运输，因为它们是在尚未成熟还很硬的时候采摘下来的，采摘后可以在室温下逐渐完全成熟。鳄梨是一种独特的水果，因为它的含水量只有大约 70%（而其他大多数水果的含水量为 95%–98%）。其他成分主要是不饱和脂肪酸，胆固醇含量非常低，所以很好消化。果实完全成熟时，中央的核一般会和果肉分离，摇晃果实时会听到咯咯声。完全成熟的鳄梨味道是最棒的。

第四章　杂果

椰子

（*Cocus nucifera*）

我们所看到的椰子实际上是椰子树的种子——外面的纤维层是种皮。椰子的其中一头有三个封闭的孔，其中两个只是凹痕，而第三个孔是种子朝外萌发生长的地方。不只是荒岛上阳光明媚的海滩，椰子来自亚洲很多地区。椰子的主要工业用途是生产一种用来制造肥皂和人造奶油的椰油（所以某些人造奶油会有熟悉的椰子味道）。干燥的果肉可以压制成椰蓉用于烹饪，而其他用途包括市场上的掷球击倒椰子游戏，或者在冬天给山雀或其他鸟类喂食。

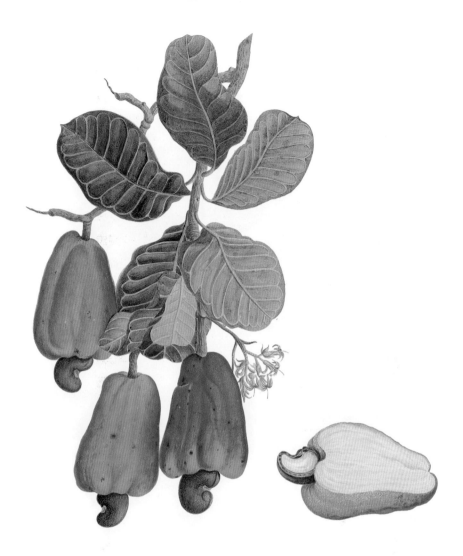

腰果

（*Anacardium occidentale*）

我们所看到的腰果并不是果实的全部。它的果实由两部分组成：一部分是大的肉质梨形果柄，下端连接着肾形的果仁，果仁经过烘烤即可食用。它们来自美洲热带地区和西印度群岛，如今已经在非洲驯化。

开心果

（*Pistacia vera*）

左页图：这是另外一种有点奇怪的果实。它的果实是薄壳的蒴果，其中包含着种子。种子是绿色的，烘烤食用时有一种令人愉悦而不强烈的味道。开心果还可用于生产甜品和冰淇淋，增添额外的口味。

　　　　　　　　　　　　　　　　　　　　　　　第四章　杂果

核桃

（*Juglans regia*）

核桃树因其高品质的家具木材而备受珍视，亦以生产这种坚果而著称。核桃树可能需要生长 15 到 20 年才能结实，但目前已经逐渐出现可以在 5 年之内结实并且较低矮的新品种。当坚果的外壳开始裂开时，可以将果实从树上摇下来或敲下来，不过最好等它们自己落下。用于腌制的坚果应该在 7 月它们还是绿色的时候采摘。

巴旦木

〔 *Prunus dulcis* 〕

在地中海地区以外的地方，巴旦木很少会结出合格的果实。地中海地区的生长季更长，夏季温度更高，它们在那里就像任何其他果树一样种植在果园里。然而只有巴旦木的食用部位是果仁，而所有它的李属近亲，吃的都是外面的肉质部分。在 18 世纪和 19 世纪，巴旦木在李属地位问题的争论十分激烈。奈特认为它是一种劣质的桃，查尔斯·达尔文赞同他的观点，他相信对巴旦木幼苗不断进行精心选择，最终会培育出一棵桃树。后来，托马斯·里弗斯认为桃最终会退化成果肉较厚的巴旦木。甚至它的拉丁学名也时常改变。

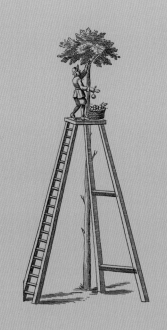

人物小传

爱德华·班亚德（1878-1939 年）

爱德华·班亚德在 1919 年父亲乔治（维多利亚荣誉勋章获得者）去世后继承了英国最大的果树苗圃。班亚德的早期著作之一是《果树手册》，填补了霍格《果树手册》留下的空白，后者最后一次印刷是在 1884 年。除了拥有作为一位苗圃主的优秀能力外，班亚德还是一位伟大的水果和葡萄酒鉴赏家、美食家，并热爱所有美好的事物。这一切都反映在他的经典著作《甜点解析——及关于葡萄酒的少许笔记》中。他会很奇妙地运用平淡的夸奖对某样东西作出负面评价。班亚德的另一部作品是《相伴美食家》，是他和自己的妹妹洛娜以及弗朗西丝一起写的。班亚德拥有非常渊博的关于水果历史和果树栽培的知识。

爱德华·班亚德

乔治·麦克米伦·达罗博士（1889-1983 年）

乔治·麦克米伦·达罗博士在很多年里一直是美国首屈一指的小型（柔软）水果专家。他在美国农业部度过了整个职业生涯（1911-1957 年），并在 1945 年被任命为农业部下属小型水果研究站的行政主任。他以对水果作物的渊博知识（特别是草莓和蓝莓）而闻名，还是一位多产的作家，参与编著的出版作品有二百多本。他最重要的著作大概是 1966

年出版的《草莓——研究、育种和生理学》。达罗最著名的工作是他对草莓、覆盆子和蓝莓的育种、遗传学以及抗病性方面的研究。美国草莓品种"布莱克莫尔"是他在1929年获得的首次胜利，它为果实的紧实度设立了评价标准，很快就成了全美最重要的品种（这一地位保持了二十年）。达罗组织团队开展了对草莓红芯根腐病抗性、病毒编目以及植株认证生产等的研究。1957年退休之后，他开始收集并培育萱草——另外一种让他闻名的作物。

约翰·杰拉德（1545-1612年）

约翰·杰拉德是一位草药医生，后来成了伦敦医师学院药用植物园的园长。这座花园包括许多果树，十分契合他对一切拥有医药价值的植物的广博知识。他在伦敦霍尔本还有一座自己的花园，其中的植物被他编成了一册目录出版——实际上，这是有史以来出版的第一本完整的花园目录。他还负责管理伯利勋爵分别位于伦敦斯特兰德街和赫特福德郡西奥博尔德的花园。著作《草本志》（1597年）让约翰·杰拉德名垂青史。杰拉德是受伊丽莎白一世的印刷工约翰·诺顿的委托写作这本书的，为的是给诺顿从德国借来的图画配文。它无疑是英国最完整也是最著名的草本志，在杰拉德死后，这本书又出了两版修订本，由托马斯·约翰斯顿分别在1633年和1639年修订。

约翰·杰拉德

理查德·哈里斯（约1530年）

理查德·哈里斯种植并管理着英国第一个大型商业化果园兼果树苗圃。在亨利八世的统治下，许多不同种类的水果在英国越来越流行，但最好的果树和品种依然来自欧洲的其他地方。1533年，哈里斯（当时是国王的水果商）在肯特郡特纳姆的柳树农场租了一块属于国王的土地。他最初种的是樱桃，这些樱桃至今还生长在那里。新园接下来进行了更大尺度的栽培，包括许多进口的果树。他从荷兰带回了樱桃和梨，从法国带回了"皮平"系列品种和"金莱茵特"——在此之前，英国几乎没有甜点苹果。他大规模种植果树获得成功的消息一定传播得非常快，因为水果种植不久后就在全国开展起来。许多人被派到新园取枝接和芽接用的接穗。哈里斯的果树是大部分于当时种植的英国果园中果树的"母株"，并极大地增加了栽培品种的种植数量。哈里斯本人的情况鲜为人知，人们只知道他出生在爱尔兰，后来来到伦敦，并几乎可以肯定在特纳姆拥有一座房屋。

罗纳德·乔治·哈顿爵士（1886-1965 年）

大英帝国司令勋章获得者，文科硕士，科学博士，皇家学会会员，维多利亚荣誉勋章获得者。

罗纳德·乔治·哈顿爵士在肯特郡的东茂林研究站工作了 35 年，并在其中的 30 年里担任研究站主任。他亲眼见证了研究站从占地 8 公顷的田野和小屋发展成 146 公顷的果园和试验站，配备了现代实验室，科研人员多达八十名。他在位于坎特伯雷附近瓦伊的东南农业学院接受训练，毕业后留在那里工作，然后又被调到刚刚诞生并位于东茂林的瓦伊学院果树试验站，东茂林研究站的前身。他先在第一任主任威灵顿的领导下工作，后来又担任执行主任，并在 1919 年成为主任（该职位他一直担任到 1949 年退休）。哈顿对现代砧木的鉴定和开发工作至今仍被认为是同类工作中最重要的。他担任主任职务后不久，东茂林研究站就开始迈出成为世界领先果树研究站的重要一步。在建立全国农业咨询处、威斯利国家果树实验中心以及皇家园艺学会果树组的过程中，他起到了关键作用，并担任了后者的首任主席。位于布莱德包恩别墅的哈顿果园纪念着他的一生和工作。

罗纳德·乔治·哈顿爵士

人物小传

杰西·希亚特（约1870年）

杰西·希亚特是一个贵格会农民，住在爱荷华州的佩鲁附近。在1870年代，他在自己的农场里发现了一枝从苹果砧木上长出的萌蘖条。他先后两次想砍掉它，但都没有清除干净，于是第三次他决定任其生长。萌蘖长成的果树刚开始结实，他就发现这些苹果拥有自己喜欢的品质。1893年，他在密苏里州路易斯安那的一场水果展览中展出了这种苹果，并将其命名为"鹰眼"。第二年，斯塔克兄弟苗圃和果园公司买下了繁殖权，并将这种苹果重新命名为"美味"。许多基因变异随着时光的推移而出现，包括"红帅"，它是最初的"美味"的无性繁殖后代和深色芽变。这是一种有光泽的红色苹果，肩部有独特的五个尖，呈椭圆至椭圆锥形，鲜食滋味最好，多汁而脆，味甜。这个发现是否足以让杰西·希亚特列入此书取决于每个人对他的苹果的意见。不过，"美味"至今仍是全世界——包括美国——最受欢迎的苹果品种，这无疑能说明一些问题。

罗伯特·霍格博士（1818-1897年）

罗伯特·霍格博士在伦敦担任过多年《园艺学报》的编辑。在这段时间，他写了自己的杰作《果树手册》（1860年），这本书修订到了第五版，最后一版印刷于1884年。他还写了其他几本关于果树和水果生产的书籍，并且是《赫里福德郡果树》一书的技术编辑，书中插图的作者是威廉·胡克（参看相应条目）。霍格参与了皇家园艺学会的工作，并很快成了果树方面的"主心骨"。他曾担任学会副主席，并作为学会秘书两次担任水果和蔬菜委员会书记（第一段任期以他的辞职告终，因为他认为学会在浪费钱；后来他又被劝回了这个岗位）。霍格是林德利图书馆信托组织的最初发起人之一，并且继续活跃地参加皇家园艺学会，尤其是水果和

罗伯特·霍格博士

蔬菜委员会的事务，一直到他去世。他的另一个任务是在重建学会在奇西克的果园时负责监督对植物材料的选择。罗伯特·霍格从未获得过维多利亚荣誉勋章；在这枚勋章就要浮出水面之前的几个月，他不幸去世了。不过在1898年，人们设立了霍格果树奖章来纪念他。

威廉·胡克（1779-1832 年）

威廉·胡克不应该和威廉·杰克逊·胡克爵士混为一谈，后者也是一位植物画家，还是植物学教授。遗憾的是，我们对于威廉·胡克成为植物画家之前的经历知之甚少，不过他的植物画像以及关于植物和水果的其他绘画都是首屈一指的。他拥有非凡的水果知识，在 19 世纪早期，伦敦园艺学会（皇家园艺学会的前身）曾委托他对当时栽培的 150 个最有趣和最漂亮的水果品种进行绘画和描述。这批画作有很多已经举世闻名，并以多种方式得到使用。其中最受欢迎的是一系列骨瓷瓷盘、花瓶、水罐、茶壶等等，上面装饰着他的水果绘画。皇家园艺学会在 1990 年代生产并销售了这批瓷器。胡克的原作可列入皇家园艺学会最宝贵的收藏品。它们如今保存在林德利博物馆，而且有很多都出现在这本书里。

托马斯·安德鲁·奈特（1759-1838 年）

托马斯·安德鲁·奈特是伦敦园艺学会（皇家园艺学会前身）的创始人之一，并成为了学会主席（1811-1838 年）。他的书《论苹果和梨的栽培以及苹果酒和梨酒的生产》出版于 1797 年。他的理论——即所有水果品种都有既定寿命，之后就会逐渐退化并死亡——在当时很有市场。虽然他在这点上错了，但这却激励着他使用完全科学的方法培育新品种。在培育新品种时，他只使用能够得到的最好的品种进行杂交。他在 1804 年成为皇家学会的资深会员。他最著名的

托马斯·安德鲁·奈特

书《赫里福德果树》（不要和《赫里福德郡果树》弄混）问世于1811年。他是个热切的植物育种家，在1814年发布了樱桃品种"黑鹰"、"埃尔顿"和"滑铁卢"，它们至今仍在种植。他还培育了苹果、梨、李子、桃和油桃、草莓、红醋栗和葡萄。奈特在酿酒苹果和苹果酒方面的工作为苹果酒制造业奠定了基础。皇家园艺学会设立了奈特奖章来纪念他。

贝德福德郡的拉克斯顿兄弟（约1860年）

拉克斯顿兄弟是水果界最伟大的苗圃商和育种家之一。托马斯·拉克斯顿也是一种杰出的育种家，以培育豌豆的工作著称，他在1860年开始经营苗圃，1890年去世。他的工作由两个儿子爱德华（1932年获得维多利亚荣誉勋章）和威廉继承，苗圃的名字即是由此而来。拉克斯顿一家培育的水果、蔬菜和花卉品种（到1930年已经有170个）名录就像一串串荣誉记录。苹果"拉克斯顿财富"今称"财富"、"拉克斯顿卓越"和"兰伯恩勋爵"，还有"早熟拉克斯顿"李子（即使是在今天）都是优良的花园品种。他们最著名也是最重要的成果大概是1892年发布的草莓品种"皇家君主"，它是"诺布尔"和"早熟之王"（都是拉克斯顿培育的品种）杂交得到的，很多人认为它的味道至今未被超越。爱德华·拉克斯顿于1951年去世，享年82岁。

托马斯·拉克斯顿

爱德华·拉克斯顿

詹姆斯·芒特爵士（1908-1994年）

大英帝国司令勋章、不列颠帝国勋章、维多利亚荣誉勋章获得者。

詹姆斯·芒特爵士是英国最大也是年代最近的水果种植商。父亲死后，他和兄弟大卫一起接管了家族的农场和水果种植生意。他将"S. W. 芒特父子公司"发展成了行业内规模最大的经营者之一，有四个不同的农场，总占地面积达490公顷。他最终拥有810公顷的果树种植面积。吉姆·芒特在1944年被委派到东茂林研究站的主管部门任职，并在1945年成为总干事，1948年成为财务委员会主席，1959年接替托马斯·尼姆爵士担任主席并在这个职位上工作了20年。他在主管部门工作到1981年，然后又去了英国国民信托组织，直到1993年退休。1961年，他帮助建立了果树家庭种植协会（并担任了首届主席），该协会后来（正好是在他去世的那天）与东肯特包装公司合并成为英国果品公司，他若有知一定会很欣慰。他在1965年被授予大英帝国司令勋章，并在1979年受封爵士爵位，以表彰其对英国园艺做出的贡献。1992年，东茂林研究站新的苹果储藏研究设施启用并被命名为吉姆·芒特大楼。

詹姆斯·芒特爵士

托马斯·尼姆爵士（1885-1972 年）

大英帝国勋章员佐勋章、维多利亚荣誉勋章获得者。

托马斯·尼姆爵士来自一个著名且深受尊敬的肯特郡农牧家庭。他最初在工业开始自己的职业生涯，但当父亲弗雷德里克·尼姆去世后，他回家管理农场。他最大的兴趣在于种植苹果和梨，并在自家农场收集了大量品种，这些品种让他在伦敦的皇家园艺学会秋季展览上赢得了许多金质奖章。托马斯·尼姆担任过很多重要职位，包括皇家园艺学会委员会成员和园艺学会果树组主席，东茂林研究站主管部门主席。他还是约翰·英尼斯研究所的管委会成员，肯特郡名誉部长，还是皇家农业学会委员会成员。除了对研究工作做出的贡献之外，尼姆对水果的合作营销也抱有坚定的信心，东肯特包装公司正是在他的领导下成为英国首届一指的合作企业。他

托马斯·尼姆爵士

人物小传

在 1960 年受封爵位，以表彰其在园艺方面做出的贡献。托马斯·尼姆总是鼓励更年轻的水果种植商，许多人都从他的建议中受益匪浅。他是个完美主义者，但在他准备给予的时候从不要求更多。

让-巴蒂斯特·德拉昆汀耶（1624-1688 年）

让-巴蒂斯特·德拉昆汀耶是一名受过专业训练的律师，直到 54 岁才开始从事园艺。他第一份和园艺有关的工作是负责管理凡尔赛宫的柑橘园和老菜园。不久后，他被要求在柑橘园和宫殿南面建设一个新菜园。让他永远被世人铭记的工程就这样开始了——就是位于凡尔赛宫的国王菜园。在描述现场时，他说："在我必须要营建菜园的地方，那里的土壤是任何人在别的地方都找不到的。"为了给所有需要的整枝果树留出足够空间，他建造了一个中央广场，四周环绕着许多用矮墙和台阶隔开的小型花园。整个园子占地 9 公顷，四周高墙围绕。它的工期从 1678 年开始到 1683 年结束，完工后德拉昆汀耶继续负责这个园子直到去世。德拉昆汀耶还是促成栽培早熟作物的先驱：使用冷床、温床和受保护的小田畦，他为国王提供了许多反季节水果和蔬菜——4 月的草莓、6 月的无花果和甜瓜。他的杰作《果蔬花园指南》1690 年在法国出版，后来被约翰·埃韦林翻译成英语。

托马斯·里弗斯父子有限公司（成立于1725年）

英格兰赫特福德郡索布里吉沃思的托马斯·里弗斯（1798-1877）最初是一位月季专家，不过他后来转向果树领域，并在根系修剪、双重嫁接、果树温室、壁篱式整枝以及培育新品种方面进行了重要的工作。桃和油桃是他的专长，他培育的"鹰隼"系列桃品种有两个特别优秀——"海雕"和"游隼"至今还在种植。到他去世时，他已经在温室中培育了1500个桃的候选实生苗并看到它们结出了果实。晚年时，他的儿子弗朗西斯成了他的助手。父亲死后，弗朗西斯继续进行培育新品种的工作，将注意力更多地集中在苹果、梨和樱桃上。他最著名的成果是"孔弗兰斯"梨和"早熟里弗斯"樱桃，它们都是极为重要的品种。为表彰他的工作，他在1898年被授予第一届霍格奖章。弗朗西斯·里弗斯，维多利亚荣誉勋章（颁发于1897年）获得者，是皇家园艺学会委员会成员，于1899年去世，享年68岁。

托马斯·里弗斯

插 图

p27: 'Ribston Pippin', *Malus domestica,* illustration by William Hooker (1816).

p28: 'Pomme de Finale', *Malus domestica,* from *Pomologie Française*(1838-46), by Pierre-Antoine Poiteau.

p30: 'Red Quarrenden', *Malus domestica,* illustration by William Hooker (1817).

p32: 'Wellington', *Malus domestica,* illustration by Barbara Cotton (1822).

p33: Collection of Apples, *Malus domestica,* from *Pyrus Malus Brentfordiensis* (1831), by Hugh Ronalds. 1. 'Striped June Eating', 2. 'Summer Oslin', 3. 'Kerry Pippin', 4. 'Summer Pippin', 5. 'Tartarian Crab', 6. 'Duchess of Oldenburgh'.

p34: 'Pomme de Montalivet', *Malus domestica,* from *Pomologie Française* (1838-46), by Pierre-Antoine Poiteau.

p36: 'Pomme de Rosée', *Malus domestica,* from *Pomologie Française* (1838-46), by Pierre-Antoine Poiteau.

p37: 'Flower of Kent', *Malus domestica,* from *Pyrus Malus Brentfordiensis*(1831), by Hugh Ronalds.

p38: 'Carlisle Codling', *Malus domestica,* illustration by William Hooker (1818).

p39: 'Robinson's Pippin', *Malus domestica,* illustration by William Hooker (1816).

p40: 'Calville Blanc', *Malus domestica,* from *Traite des Arbres Fruitiers* (first published in 1768), Vol 5, pl 64, by Henri Louis Duhamel du Monceau. Illustration by Pierre-Antoine Poiteau.

p41: 'Api Etoile', *Malus domestica,* from *Pomologie Française* (1838-46), by Pierre-Antoine Poiteau.

p42: 'Lemon Pippin', *Malus domestica,* from *Hooker's Drawings of Fruits,*Vol 8, pl 8, by William Hooker. Illustration by Charles John Robertson (Oct 1822).

p43: 'Reinette Jaunt Hâtive', *Malus domestica,* from *Traite des Arbres Fruitiers* (first published in 1768), by Henri Louis Duhamel du Monceau. Illustration by Pierre J. F. Turpin.

p44: 'Gravenstein', *Malus domestica,* illustration by William Hooker (1819).

p45: 'Cockle's Pippin', *Malus domestica,* illustration by William Hooker (1817).

p46: 'Redstreak', *Malus domestica,* from *Herefordshire Pomona* (1876-85), by Robert Hogg.

p47: 'Cox's Orange Pippin', *Malus domestica,* from *Herefordshire Pomona* (1876-85), by Robert Hogg.

p48: 'Blenheim Orange', *Malus domestica,* from *Herefordshire Pomona* (1876-85), pl VII, by Robert Hogg.

p49: 'Embroidered Pippin', *Malus domestica,* illustration by Charles John Robertson (1822).

p50: 'Pigeonnot de Rouen', *Malus domestica,* from *Pomologie Française* (1838-46), by Pierre-Antoine Poiteau.

p51: 'Foxwhelp', *Malus domestica,* from *Herefordshire Pomona* (1876-85), pl I, by Robert Hogg.

p52: 'Siberian Harvey Crab', *Malus domestica,* illustration by William Hooker (1818).

p53: 'Red August Siberian Crab', *Malus domestica,* illustration by Charles John Robertson (1821).

p54: 'Scarlet Pearmain', (Bell's Scarlet), *Malus domestica,* illustration by Barbara Cotton (1822).

p55: 'Norfolk Beefing', *Malus domestica,* illustration by Charles John Robertson, (Oct 1822).

p56: 'Pomme Violet', *Malus domestica*, from *Hooker's Drawings of Fruits*,

Vol 7, pl 4, illustration by William Hooker (1818).

p57: 'Api Noir', *Malus domestica*, from *Pomologie Française* (1838-46), by Pierre-Antoine Poiteau.

p58: 'Cardinale', *Pyrus communis*, from *Pomologie Française* (1838-46), by Pierre-Antoine Poiteau.

p59: 'Chaumontelle', *Pyrus communis*, illustration by William Hooker (1818).

p60: 'Little Muscat', *Pyrus communis*, from *Hooker's Drawings of Fruits*, Vol 5, pl 19, illustration by William Hooker (1819).

p61: 'Angelique de Bordeaux' ('Angelica'), *Pyrus communis*, from *Pomona Italiana* (1839), Vol 2, by Giorgio Gallesio.

p62: Pear Varieties, *Pyrus communis*, from *Herefordshire Pomona* (1876-85), by Robert Hogg. 1. 'Forelle', 2. 'Louise Bonne of Jersey', 3. 'Williams' Bon Chrétien', 4. 'Beurre d'Amanlis', 5. 'Flemish Beauty'.

p63: 'Chêne-Vert', *Pyrus communis*, from *Pomologie Française* (1838-46), by Pierre-Antoine Poiteau.

p64: 'Jargonello', *Pyrus communis*, illustration by William Hooker (1818).

p65: 'Bon Chrétien d'Eté', *Pyrus communis*, from *Pomologie Française* (1838-46), by Pierre-Antoine Poiteau.

p66: Bartlett, (William's Bon Chrétien), *Pyrus communis*, illustration by William Hooker (1818).

p67: Pear Varieties, from *Pomona* (1729), pl LXI, by Battye Langley.

1. 'Bordine Musk', 2. 'Windsor Pear', 3.'Cuisse Madam', 4. 'Jargonel', 5. 'Queen Catherine', 6.'Rose d'Eté'.

p68: Unnamed Pear, *Pyrus communis*, from *Hooker's Drawings of Fruit*,

Vol 7, pl 16, illustration by William Hooker.

p69: 'Beurre d'Arenberg', *Pyrus communis*, from *Traite des Arbres Fruitiers* (first published in 1768), by Henri Louis Duhamel du Monceau. Illustration by Pierre J. F. Turpin.

p70: Verte Longue Panachée, *Pyrus communis*, from *Traite des Arbres Fruitiers* (first published in 1768), by Henri Louis Duhamel du Monceau. Illustration by Pierre J. F. Turpin.

p71: 'Doyenne du Cornice', *Pyrus communis*, from *Herefordshire Pomona* (1876-85), by Robert Hogg.

p72-73: Chinese Sand Pear, *Pyrus pyrifolia*, illustration by John Reeves (c.1820),

p73: 'Crasanne', *Pyrus communis*, illustration by William Hooker (1815).

p74: 'Elton', *Pyrus communis*, from *Hooker's Drawings of Fruits*,

Vol 6, pl 18, illustration by William Hooker (1817).

p75: 'Martin Sec', *Pyrus communis*, from *Pomologie Française* (1838-46), by Pierre-Antoine Poiteau.

p76: 'Seckle', *Pyrus communis*, illustration by William Hooker (1825).

p77: 'Sanguinole', *Pyrus communis*, from a collection of pears from *Herefordshire Pomona* (1876-85), pl XXXIV, by Robert Hogg.

p78/79: Quince, *Cydonia oblonga, from* Commentarii (1565), by Pietro Andrea Matthioli.

p80: Quince, *Cydonia oblonga*, from *Icones plantarum medico* (1822), by Ferdinand Vietz.

p81: 'Portugal', *Cydonia oblonga,* from *Traite des Arbres Fruitiers* (first published in 1768), by Henri Louis Duhamel du Monceau. *Illustration* by Pierre J. F. Turpin.

p82: Quince, *Cydonia oblonga,* from *A Curious Herbal* (1739), by Elizabeth Blackwell.

p83: 'Pear-shaped Quince', *Cydonia oblonga,* illustration by William Hooker (1816).

p84: Medlar, *Mespilus germanica,* from *Traite des Arbres Fruitiers* (first published in 1768) by Henri Louis Duhamel du Monceau.

p85: Medlars and Quinces from *Pomona* (1729), pl 73, by Battye Langley. 1. Medlar, 2. Pear-Quince 'Portugal', 3. Apple-Quince 'Portugal', 4. 'Service' 5. English Quince, 6. Berberry.

p86: 'Dutch', *Mespilus germanica,* illustration by William Hooker (1816).

p87: 'Nottingham', *Mespilus germanica,* illustration by William Hooker (1816).

第二章　核果

p90: Plum Varieties from *Pomona* (1729), pl XX, by Battye Langley.

p93: Damson 'Shropshire',*prunus insititia,* illustration by William Hooker(1818).

p94: 'Damas d'Espagne', *Prunus insititia,* from *Traite des Arbres Fruitiers* (first published in 1768) by Henri Louis Duhamel du Monceau. Illustration by Pierre J. R Turpin.

p97: 'Damas de Provence', *Prunus insititia,* from *Pomologie Française* (1838-46), Vol 1, pl 79, by Pierre-Antoine Poiteau.

p98-99: 'White Damson', *Prunus insititia, from Hooker's Drawings of Fruit,* Vol 8, pl 21, by William Hooker. Illustration by Charles John Robertson (1820).

p101: 'Blue Imperatrice', *Prunus domestica,* illustration by Augusta *Withers* (1816).

p102-103: 'Wilmot's Early Violet', *Prunus domestica,* illustration by William Hooker (1819).

p104: 'La Royale', *Prunus domestica, from Pomologie Française* (1838-1846), by Pierre-Antoine Poiteau.

p107: 'Isle verte', *Prunus domestica,* from *Pomologie Française* (1838-46), by Pierre-Antoine Poiteau.

p108-109: Cherry Plum (Myrobalan) *Prunus cerasifera,* from *Pomologie Française* (1838-1846), by Pierre-Antoine Poiteau.

p112: 'Green Gage', (Reine Claude), *Prunus domestica,* from *Pomologie Française* (1838-1846), by Pierre-Antoine Poiteau.

p113: 'Green Gage', *Prunus domestica,* from *Hooker's Drawings of Fruit,*

Vol 5, pl 20, illustration by William Hooker (1815).

p115: 'Coe's Golden Drop', *Prunus domestica,* illustration by William Hooker (1818).

p116: 'Yellow Plum' (Mirabelle), *Prunus insititia,* from *Pomologie Française* (1838-1846), Vol 1, pl 93, by Pierre-Antoine Poiteau.

p118: 'Kentish Bigarreau', *Prunus avium,* illustration by Frances Bunyard (1928).

p119: 'Florence', *Prunus avium,* illustration by William Hooker (1816).

p120: 'Belle de Rocmont', *Prunus avium,* from *Pomologie Française* (1838-1846), by Pierre-Antoine Poiteau.

p121: 'Royale Ordinaire', *Prunus avium,* from *Traite des Arbres Fruitiers* (first published in 1768), by Henri Louis Duhamel du Monceau. Illustration by Pierre J. F. Turpin.

p122: 'Morello', *Prunus cerasus,* illustration by William Hooker (1818).

p122-123: 'May Duke', *Prunus avium,* illustration by William Hooker (1815).

p124: 'Waterloo', *Prunus avium,* illustration by William Hooker(1816).

p125: 'Early Rivers', *Prunus avium,* illustration by Frances Bunyard (1928).

p126: 'Red Magdalene', *Prunus persica,* illustration by William Hooker (1819).

p127: 'La Noblesse', *Prunus persica,* illustration by William Hooker.

p128: 'Pavie de Pompone', *Prunus persica,* from *Pomologie Française* (1838-1846), Vol 1, pl 50, by Pierre- Antoine Poiteau.

p129: 'Rosanna', *Prunus persica,* from *Pomologie Française* (1838-46), by Pierre-Antoine Poiteau.

p130: 'Pavie Jaune' ('Alberge Jaune'), *Prunus persica,* from *Pomologie Française* (1838-46), by Pierre-Antoine Poiteau.

p130: 'Pavie Jaune' ('Alberge Jaune'), *Prunus persica,* from *Traite des Arbres Fruitiers*(first published in 1768), by Henri Louis Duhamel du Monceau. Illustration by Pierre J. F. Turpin.

p132: 'Peche Cardinale', *Prunus persica, Pomologie Française* (1838-46), by Pierre-Antoine Poiteau.

p133: 'Téton de Vénus', *Prunus persica,* illustration by Barbara Cotton (1822).

p134: Nectarine Varieties, *Prunus persica* var. *nectarina,* from *Pomona Britannica* (1812), pl XXXVIII, by George Brookshaw. 1. 'Clarmont', 2. 'Homerton's White', 3. 'Ford's Black', 4. 'Genoa'.

p135: Nectarine Varieties, *Prunus persica* var. *nectarina,* from *Pomona Britannica* (1812) by George Brookshaw. 1. 'Vermash', 2. 'Violette Hative', 3. 'Red Roman', 4. 'North's Scarlet', 5. 'Elruge', 6. 'Peterborough'.

p136: 'Elruge', *Prunus persica* var. *nectarina,* illustration by William Hooker (1817).

p137: 'Violette Hâtive', *Prunus persica* var. *nectarina,* illustration by William Hooker (1817).

p138: 'The Old Newington', *Prunus persica* var. *nectarina,* from *Hooker's Drawings of Fruit,* Vol 5, pl 12, illustration by William Hooker (1819).

p139: Nectarine Varieties, *Prunus persica* var. *nectarina,* from *Pomona* (1729), pl 29, by Battye Langley. 1. 'Newington', 2. 'Roman', 3. 'Elruge', 4. 'Italian', 5. 'Golden'.

p140: 'White', *Prunus persica* var. *nectarina,* illustration by William Hooker (1818).

p141: 'Fairchild's Early', *Prunus persica* var. *nectarina,* illustration by William Hooker (1818).

p142-143: 'Moor Park', *Prunus armeniaca,* illustration by William Hooker (1815).

p144: 'Nancy', *Prunus armeniaca,* from *Traite des Arbres Fruitiers* (first published in 1768), by Henri Louis Duhamel du Monceau. Illustration by Pierre J. F. Turpin.

p145: 'Breda', *Prunus armeniaca,* illustration by William Hooker (1819).

p146-147: 'Albicocca di Germania', *Prunus armeniaca,* from *Pomona Italiana* (1839), Vol 2, by Giorgio Gallesio.

p148: 'Précoce', *Prunus armeniaca,* from *Pomologie Française,* (1838-46), Vol 1, pl 56, by Pierre-Antoine Poiteau.

p149: 'Musch Musch', *Prunus armeniaca,* illustration by Augusta Withers (1825).

p150: 'Violet', *Prunus armeniaca,* from *Pomona Austriaca* (1797), by Johann Kraft.

p151: 'Noir', *Primus armeniaca,* from *Traite des Arbres Fruitiers* (first published in 1768), by Henri Louis Duhamel du Monceau. Illustration by Pierre J. F. Turpin.

p152: Black Mulberry (Murier de Virginie), *Morus nigra,* from *Pomologie Française* (1838-46), Vol 2, pl 93, by Pierre-Antoine Poiteau.

p153: Black Mulberry (Common), *Morus nigra,* illustration by William Hooker (1816).

p154: Red Mulberry, *Morus rubra,* from *Icones plantarum medico* (1822), by Ferdinand Vietz.

p155: White Mulberry, *Morus alba,* from *Icones plantarum medico* (1822), by Ferdinand Vietz.

第三章　浆果

p158: 'White Dutch', *Ribes rubrum,* illustration by William Hooker (1816).

p161: Redcurrant (Groseiller à grappes - fruit rouges), *Ribes rubrum,* from *Traite des Arbres Fruitiers,* (first published in 1768), by Henri Louis Duhamel du Monceau. Illustration by Pierre J. F. Turpin.

p162: Blackcurrant, *Ribes nigrum,* from *Traite des Arbres Fruitiers,* (first published in 1768), by Henri Louis Duhamel du Monceau. Illustration by Pierre J. F. Turpin.

p165: 'Sheba Queen', *Ribes uva-crispa* var. *reclinatum,* illustration by Augusta Withers (1825).

p166: 'Reynolds' Golden Drop', *Ribes um-crispa* var. *reclinatum,* illustration by William Hooker.

p167: 'Verte Blanche', *Ribes uva-crispa* var. *reclinatum,* from *Pomologie Française* (1838-46), Vol 3, pl 6, by Pierre-Antoine Poiteau.

p169: 'Grosse pourprée herisseé', *Ribes uva-crispa* var. *reclinatum,* from *Traite des Arbres Fruitiers,* (first published in 1768), by Henri Louis Duhamel du Monceau. Illustration by Pierre J. F. Turpin.

p170: 'Red Warrington', *Ribes uva-crispa* var. *reclinatum,* illustration by William Hooker.

p173: 'Wilmot's Early Red', *Ribes uva-crispa* var. *reclinatum,* illustration by William Hooker (1815).

p174: 'High-Bush Blueberry', *Vaccinium corymbosum,* from *Traite des Arbres Fruitiers,* (first published in 1768), by Henri Louis Duhamel du Monceau. Illustration by Pierre J. F. Turpin.

p175: Bilberry or Whortleberry, *Vaccinium myrtillus,* from *Icones plantarum medico* (1822), by Ferdinand Vietz.

p176: Blackberry, *Rubus fruticosus,* from *Pomologie Française* (1838-46), by Pierre-Antoine Poiteau.

p179: Blackberry, *Rubus fruticosus,* from *A Curious Herbal* (1739), pl 45, by Elizabeth Blackwell.

p180/181: Blackberry, *Rubus fruticosus,* from *A New and Complete Body of Practical Botanic Physic* (1791), pl 30, by

Edward Baylis.

p182: American Dewberry, *Rubus Canadensis,* from *Botanical Magazine* (1909).

p183: European Dewberry, *Rubus Caesius,* from *Traite des Arbres Fruitiers* (first published in 1768) by Henri Louis Duhamel du Monceau. Illustration by Pancrace Bessa.

p184: 'Wilmot's Superb', *Fragaria,* illustration by Charles John Robertson (1824).

p187: Unnamed strawberry, *Fragaria,* from a collection of strawberries, *from Hooker's Drawings of Fruits* by William Hooker.

p188: Chilean, *Fragaria Chiloensis,* from *Icones plantarum medico* (1822), Vol 6, pl 516, by Ferdinand Vietz.

p191: Single-leafed (Fraisier à *une feuille), Fragaria vesca monophylla,* from *Pomologie Française* (1838-46), Vol 2, pl 70, by Pierre- Antoine Poiteau.

p192: 'Downton', *Fragaria virginiana* X *fragaria chiloensis,* from *Trans. Hort. Soc., London,* (1819), Vol 3, pl XV, illustration by William Hooker.

p193: 'Fraisier de Montreuil', *Fragaria vesca,* from *Pomologie Française* (1838-46), by Pierre-Antoine Poiteau.

p196/197: Strawberry Varieties from *Pomona Britannica* (1812), by George Brookshaw. Clockwise from top left: 'Hoboy', 'Chili', 'Scarlet Flesh Pine', 'Scarlet Alpine'.

p198: Wood Strawberry (Fraisier des Bois), *Fragaria Silvestris,* from *Pomologie Française* (1838-46), by Pierre-Antoine Poiteau.

p199: 'Bath Scarlet', *Fragaria yirginiana,* illustration by William Hooker (1817).

p200: 'Keen's Seedling', *Fragaria,* from *Trans. Hort. Soc., London,* (1814), Vol 2, illustration by William Hooker.

p201: 'Wilmot's Coxcomb' ('Scarlet'), *Fragaria,* illustration by William Hooker(1820).

p202: 'Barnet', *Rubus idaeus,* from *Botanical Register,* illustration by Augusta Withers.

p203: Red Raspberry (Framboisier à fruit rouge), *Rubus idaeus,* from *Traite des Arbres Fruitiers* (first published in 1768) by Henri Louis Duhamel du Monceau. Illustration by Pierre J. F. Turpin.

p204: 'Red Antwerp', *Rubus idaeus,* illustration by William Hooker (1818).

p205: 'Yellow Antwerp' *Rubus idaeus,* illustration by William Hooker (1815).

p206/207: 'Red Antwerp' & 'White Antwerp', *Rubus idaeus,* from *Pomona Britannica* (1812), pl IV, by George Brookshaw.

p208: Myrtle Berries (Common Myrtle), *Myrtus communis,* from *Traite des Arbres Fruitiers,* (first published in 1768), by Henri Louis Duhamel du Monceau.

p209: Elderberry, *Sambucus nigra,* from *Medical Botany* (April 1 1791), by William Woodville.

p210: Cranberry, *Vaccinium oxycoccus,* from *Flora Danico* (1764), pl XI.

p211: Mountain Cranberry, *Vaccinium vitis idaea,* from *Traite des Arbres Fruitiers* (first published in 1768), by Henri Louis Duhamel du Monceau.

第四章 杂果

p214: Fig Varieties, *Ficus carica,* from *Pomona* (1729), pl.

LIII, by Battye Langley. 1. 'Black Fig', 2. 'Tawny Fig', 3. 'Blew Fig'.

p217: 'Brogiotto nero', *Ficus carica*, from *Pomona Italiana* (1839), Vol 2, by Giorgio Gallesio.

p218: 'Fetifero', *Ficus carica*, from *Pomono Italiana* (1839), Vol 2, by Giorgio Gallesio.

p220: 'White Fig', *Ficus carica*, illustration by William Hooker (1817).

p221: 'Bordeaux', *Ficus carica*, from *Traite des Arbres Fruitiers* (first published in 1768) by Henri Louis Duhamel du Monceau. Illustration by Pierre J. F. Turpin.

p222: 'Verdino', *Ficus carica verdecchius*, from *Raccolto di fiori fnitti...* (1825), by Antonio Targioni-Tozzetti.

p225: 'Verdone Romano', ('White Adriatic'), *Ficus carica*, from *Pomona Italiana* (1819), Vol 1, by Giorgio Gallesio.

p226: *Citrus Varieties, Citrus sinensis, Citrus medica, Citrus limon, from Regne Vegetale* (1831). Illustration by Pierre Ledoulx. *1. Orange nain à feuilles de myrthe* (Myrtle-Leaved Small Orange), *2. Limon à fruit doux* (Sweet-Fruited Lemon), *3. Citron, 4. Pomme d'orange dite Geroof de Oragnie appel.*

p228: 'Limonier Mellarose', *Citrus limon*, from *Histoire Naturelle des Orangers* (1818), by Antoine Risso.

p229: 'Bignette', *Citrus limon*, from *Histoire Naturelle des Orangers* (1818), by Antoine Risso.

p230: 'Tomo d'Adamo Cedrato', *Citrus medica*, illustration by Giovanni Gani.

p233: Buddha's Hand or Buddha's Fingers, *Citrus medica* var. *sarcoclactylus*, from *Traite du Citronnier* (1816), by Michel Etienne Descourtilz.

p234: Lime, *Citrus aurantifolia*, from *Histoire Naturelle des Orangers* (1818), *by Antoine Risso.*

p237: 'Indian Lime', *Citrus aurantifolia*, from *Histoire Naturelle des Orangers* (1818), by Antoine Risso.

p238: Pink Grapefruit, *Citrus* X *pamdisi*, illustration by Raden Salikin, (1861).

p239: Shaddock (Pomplemousse ordinaire), *Citrus maxima*, from *Pomologie Française* (1838-46); by Pierre-Antoine Poiteau.

p241: Purple Seville Orange, *Citrus aurantium*, from *Traite des Arbres Fruitiers* (first published in 1768), by Henri Louis Duhamel du Monceau. Illustration by Pancrace Bessa.

p242: Seville Orange, *Citrus aurantium*, from *Raccolta di fiori frutti...* (1825), by Antonio Targioni-Tozzetti. Illustration by Giorgio Argiolini.

p244: Crowned Orange, *Citrus sinensis*, from *Pomologie Française*, (1838-46), by Pierre-Antoine Poiteau.

p245: Sweet Orange, *Citrus sinensis, from Pomologie Française* (1838-46), by Pierre-Antoine Poiteau.

p246-247: Common China Orange, *Citrus sinensis*, illustration by John Reeves, (1810).

p249: Horned Orange, *Citrus aurantium*, from *Pomologie Française* (1838-46), by Pierre-Antoine Poiteau.

p250: The Bizarre Orange, *Citrus aurantium*, from *Pomologie Française* (1838-46), by Pierre-Antoine Poiteau.

p253: Bergamot, *Citrus bergamia*, from *Histoire Naturelle des Orangers* (1818), by Antoine Risso.

p254: Malta Blood Orange (Orange de Malte), *Citrus sinensis*, from *Histoire Naturelle des Orangers* (1818), by Antoine

Risso.

p256: Mandarin, *Citrus reticulata*. (1812-31). Anon.

p257: Kumquat, *Fortunella margarita*, illustration by John Reeves, (c.1820).

p258-259: Watermelon, *Citrullus lanatus*, from *Surinam Orchids* (1831), Vol 1, pl 94, by Gerrit Schouten.

p259: Watermelon, *Citrullus lanatus*, from *Abbildung aller Oekonomische Pflanzen* (1786-96), by Johannes Kerner.

p260: Petit Cantaloup [des Indes Orientales], *Cucumis melo*, from *Les melons* (1810), by Johannes Kerner.

p260-261: 'Damsha', *Cucumis melo*, illustration by William Hooker, (1815).

p262: Melon Varieties, *Cucumis melo*, from *Album Benary* (1876), tab XIX, by Ernst Benary.

p263: 'Romana', *Cucumis melo*, illustration by William Hooker, (1818).

p264: 'Black Rock', *Cucumis melo*, illustration by William Hooker, (1815).

p265: 'White South Rock', *Cucumis melo*, from *Pomona Britannica* (1812), pl LXV, by George Brookshaw.

p266: 'Black Jamaica', *Ananas comosus*, from *Pomona Britannica* (1812), by George Brookshaw.

p267: 'Enville', *Ananas comosus*, illustration by William Hooker, (1817).

p268: *Pineapple, Ananas comosus*, from *Hortus Romanus* (1772), by Giogio Bonelli.

p269: 'Queen', *Ananas comosus*, illustration by William Hooker,(1817).

p270/271: Pineapple Varieties, *Ananas comosus*, from *Regne Vegetale* (1831); by Pierre Ledoulx.

p272: Pineapple with flower (Bromelia), *Ananas comosus*, from *Les Liliacées*(1802), by Pierre Joseph Redoute.

p273: Pineapple with Bilberries, *Ananas comosus*, illustration by Lui Chi Wang (c.1800).

p274: 'Damson', *Vitis vinifera*, illustration by William Hooker (1817).

p275: 'Teinturier', *Vitis vinifera*, from *Pomologie Française (1838-46)*, by Pierre-Antoine Poiteau.

p276: 'Trifera', *Vitis vinifera*, from *Pomona Italiana*(1839), Vol 2, by Giorgio Gallesio. Illustration by Isabella Bozzolini.

p277: 'Black Hamburgh', *Vitis vinifera*, from *Hooker's drawings of Fruit*, Vol 3, pl 13, by William Hooker(1818).

p278: 'Le Caunele Rouge', *Vitis vinifera*, from *Abbildung aller Oekonomische Pflanzen* (1786-96), by Johannes Kerner.

p279: 'Le Gris Commun', *Vitis vinifera*, from *Abbildung aller Oekonomische Pflanzen* (1786-96), by Johannes Kerner.

p280: 'Muscat Rouge', *Vitis vinifera*, from *Abbildung aller Oekonomische Pflanzen* (1786-96), by Johannes Kerner.

p281: Muscat Blanc, *Vitis vinifera*, from *Pomologie Française* (1838-46), Vol 2, pl 50, by Pierre-Antoine Poiteau.

p282: 'Cannon Hall Muscat', *Vitis vinifera*, illustration by Augusta Withers (1825).

p283: 'Muscat of Alexandria', *Vitis vinifera*, from *Pomona Britannica*(1812), by George Brookshaw.

p284-285: Banana, *Musa* x *paradisiaca*, from *Surinam Orchids* (1830), Vol 1, pl 122, by John Henry Lance.

p285: Banana, *Musa* x *paradisiaca*, from *Flore des Antilles* (1808), by F. R. de Tussac.

p286/287: Banana, *Musa X paradisiaca,* from *Les Liliacées* (1802), by Pierre Joseph Redoute.

p288: Mango, *Mangifem indica,* from *Honi Malabarici*(1774), by Hendrick Rheede.

p288-289: Mango and Quince, *Mangifera indica* & *Cydonia sinensis,* illustration by Lui Chi Wang (c.1800).

p290: 'Red Powis' & 'Yellow Powis', *Mangifera indica,* illustration by Augusta Withers (1826).

p291: Mango, *Mangifera indica,* from *Surinam Orchids* (1830), Vol 1, pl 85, by John Henry Lance.

p292: Feijoa, *Feijoa sellowiana,* from *Revue Horticole* (1898).

p293: Breadfruit, *Artocarpus altilis,* from *Flore des Antilles* (1808), by F. R. de Tussac. Illustration by Pierre J. F. Turpin.

p294: Durian, *Durio Zibethinus,* from *Fleurs, Fruits... de Java* (1863), by Berthe Hoole van Nooten.

p295: Custard Apple, *Annona reticulata,* from *Surinam Orchids* (1830), Vol 1, pl 88, by John Henry Lance.

p296: Starfruit, *Averrhoa Carambola,* from *Trans. Hon. Soc., London* (1842), by Sarah Drake.

p297: Tamarind, *Tamarindus indica,* illustration by Claude Aubrier (1720).

p298: Kiwano, *Cucumis metuliferus,* from *Botanical Magazine* (1911).

p299: Pitaya, *Hylocereus undatus,* from *The Cactaceae* (1919), Vol 2, pl XXXII, by N. L. Briton & J. N. Rose. Illustration by M. E. Eaton.

p300: Persimmon, (Sharon Fruit), *Diospyros kaki or Diospyros virginiana,* from *Botanical Magazine* (1907).

p300-301: Persimmon, (Sharon Fruit), *Diospyros kaki or Diospyros uirginiana,* illustration by John Reeves (1812-31).

p302: Papaya, *Carica papaya,* from *Fleurs, Fruits... de Java* (1863), by Berthe Hoole van Nooten.

p303: Sapodilla, *Achras sapote,* from *Flore des Antilles* (1808), by F. R. de Tussac.

p304: Guava, *Psidium guajava,* from *Flore pittoresque* (1829), by Michael Etienne Descourtilz.

p305: Guava, *Psidium guajava,* from *Surinam Orchids* (1825), Vol 1, pl 109, by Gerrit Schouten.

p306: Passionfruit, *Passiflora edulis,* from *Trans. Hort. Soc., London,* (1820).

p307: Passionfruit, (Giant Granadilla), *Passiflora edulis,* from *Surinam Orchids* (1823), by Gerrit Schouten.

p308: Pomegranate, *Punica granatum,* from *Pomologie Française* (1838-46), by Pierre-Antoine Poiteau.

p308-309: Pomegranate, *Punica granatum,* illustration by Lui Chi Wang (c.1810).

p310: Pomegranate, *Punica granatum,* from *Flore medicale* (1814), by Francois P. Chaumeton. Illustration by Pierre J. F. Turpin.

p311: Pomegranate, *Punica granatum,* from A *Curious Herbal,* (1739), pl 145, by Elizabeth Blackwell.

p312: Date, *Phoenix dactylifera,* from *Flore pittoresque*(1829), by Michel Etienne Descourtilz.

p313: Date, *Phoenix dactylifera, from Traite des Arbres Fruitiers* (first published in 1768) by Henri Louis Duhamel du Monceau.

p314: Mangosteen, *Garcinia mangostana,* from *Fleurs, Fruits...de Java*(1863), by Berthe Hoole van Nooten.

p315: Mangosteen, *Garcinia mangostana*, from *Tropical Fruits Book* (c. 1840), p117.

p316: Langstat, *Lansium domesticum*, from *Fleurs, Fruits...de Java* (1863), by Berthe Hoole van Nooten.

p317: Loquat, *Eriobotrya japonica*, from *Trans. Hort. Soc., London*, (1822).

p318: Longan, *Dimocarpus longan*, from *Trans. Hort Soc., London* (1817), Vol 2, pl XXVIII.

p319: Rambutan, *Nephelium lappaceum*, from *Fleurs, Fritits...de Java* (1863), by Berthe Hoole van Nooten.

p320: Lychee, *Litchi chinensis*, illustration by Lui Chi Wang, (c.1800).

p320-321: Lychee, *Litchi chinensis*, illustration by John Reeves (c.1800).

p322: Chinese Lantern, *Physalis alkekengi*, from *Abbildung aller Oekonomische Pflanzen* (1786-96), by Johannes Kerner.

p323: Cape Gooseberry, *Physalis peruviana*, from *Flore Pittoresque* (1829), pl 248, by Michel Etienne Descourtilz.

p324: 'Picholine' (Olive), *Olea europaea*, from *Pomologie Française*(1838-46), by Pierre-Antoine Poiteau.

p325: 'Gallette' (Olive), *Olea europaea*, illustration by Muzzi for Antonio Targioni-Tozzetti.

p326: Avocado Pear, *Persea gratissima*, from *Surinam Orchids* (1830), Vol 1, pl 113, by John Henry Lance.

p327: Avocado Pear, *Persea gratissima*, from *Tropical Fruits Book* (c. 1840), pl 23. Anon.

p328: Coconut, *Cocus nucifera*, from *Tropics* (c.1825). Anon.

p329: Coconut, *Cocus nucifera*, from *Tropics* (c.1825). Anon.

p330: Pistachio Nut, *Pistacia vera*, from *Pomologie Française*, (1838-46), Vol 1, pl 8, by Pierre-Antoine Poiteau.

p331: Cashew Nut, *Anacardium occidentale*, from *Tropical Fruits Book* (c.1840), pl 26. Anon.

p332: Walnut, (Large French), *Juglans regia*, illustration by William Hooker (1816).

p333: Walnut ('High flyer'), *Juglans regia*, illustration by William Hooker (1820).

p334: Almond, *Prunus dulcis*, from *Pomologie Française* (1838-46), Vol 1, pl 12, by Pierre-Antoine Poiteau. Illustration by Pierre J. F. Turpin.

p335: Almond, *Prunus dulcis*, from *Pomologie Française* (1838-46), Vol 1, pl 5, by Pierre-Antoine Poiteau.

人物小传

p329: Mr. Edward A. Bunyard, held by The Lindley Library at The Royal Horticultural Society.

p340: John Gerard, held by The Lindley Library at The Royal Horticultural Society.

p341: Sir Ronald George Hatton, photograph by Walter Stoneman, of J. Russell & Sons, Baker St., London. Held by The Lindley Library at The Royal Horticultural Society.

p342: Dr. Robert Hogg, held by The Lindley Library at The Royal Horticultural Society.

p343: Thomas Andrew Knight, held by The Lindley Library at The Royal Horticultural Society.

p344 (上): Thomas Laxton, held by The Lindley Library at The Royal Horticultural Society.

p344 (下): Edward Laxton, held by The Lindley Library at The Royal Horticultural Society.

p345（上）: Sir James Mount, photograph by the Kentish Gazette, 9 St. Georges Place, Canterbury. Held by The Lindley Library at The Royal Horticultural Society.

p345（下）: Sir Thomas Neame, photograph by Navana Vandyk, 29 New Bond St., London. Held by The Lindley Library at The Royal Horticultural Society.

p347: Thomas Rivers, held by The Lindley Library at The Royal Horticultural Society.

致谢

p381: Early illustration from *Fruit Trees* (1696), by Thomas Langford.

索 引

索引斜体页码表示出现在插图中

致谢

在本书的写作过程以及我本人漫长而快乐的工作生活中，下列以及其他许多数不清的人物给予了我可贵的帮助，本人在此特向他们表达谢意。

他们全都是我的老朋友；有些朋友真的是很老了！

其中还有一些，很不幸，已经离开了我们。

如果没有他们，我的生活会越来越可怜。

Jim Arbury, Dr. Brent Elliott, George Lockie, Dr. Jim Quinlan, Brian Self；

Jenny Vine, 当然，还有因特网。

图书在版编目（CIP）数据

水果：一部图文史 /（英）彼得·布拉克本-梅兹著；
王晨译. —北京：商务印书馆，2017
ISBN 978 - 7 - 100 - 15328 - 7

Ⅰ.①水… Ⅱ.①彼…②王… Ⅲ.①水果—生物学史—
世界—普及读物 Ⅳ.①S66-091

中国版本图书馆 CIP 数据核字（2017）第226629号

水 果：一 部 图 文 史

〔英〕彼得·布拉克本-梅兹 著

王 晨 译

商 务 印 书 馆 出 版
（北京王府井大街36号 邮政编码 100710）
商 务 印 书 馆 发 行
山 东 临 沂 新 华 印 刷 物 流
集 团 有 限 责 任 公 司 印 刷
ISBN 978 - 7 - 100 - 15328 - 7

2017年11月第1版 开本 787×1092 1/16
2017年11月第1次印刷 印张 24¼

定价：145.00元